CorelDRAW

X8 中文全彩铂金版 案例教程

冯阳山　李欣洋　陈益品 / 主编
姚冲　晏茗 / 副主编

中国青年出版社
CHINA YOUTH PRESS
中青雄狮

图书在版编目(CIP)数据

CorelDRAW X8中文全彩铂金版案例教程 / 冯阳山, 李欣洋, 陈益品主编 . — 北京: 中国青年出版社, 2018.1(2023.2重印)
ISBN 978-7-5153-4958-9

I.①C… II.①冯… ②李… ③陈… III.①图形软件 - 教材
IV.①TP391.413

中国版本图书馆CIP数据核字(2017)第261438号

策划编辑　张　鹏
责任编辑　张　军
封面设计　彭　涛

CorelDRAW X8中文全彩铂金版案例教程

冯阳山　李欣洋　陈益品 / 主编
姚冲　晏茗 / 副主编

出版发行:	中国青年出版社
地　　址:	北京市东四十二条21号
邮政编码:	100708
电　　话:	(010)50856188 / 50856199
传　　真:	(010)50856111
企　　划:	北京中青雄狮数码传媒科技有限公司
印　　刷:	天津融正印刷有限公司
开　　本:	787 x 1092 1/16
印　　张:	12.5
版　　次:	2018年3月北京第1版
印　　次:	2023年2月第3次印刷
书　　号:	ISBN 978-7-5153-4958-9
定　　价:	69.90元(附赠1DVD,含语音视频教学+案例素材文件+PPT电子课件+海量实用资源)

本书如有印装质量等问题,请与本社联系　电话: (010)50856188 / 50856199
读者来信: reader@cypmedia.com　　投稿邮箱: author@cypmedia.com
如有其他问题请访问我们的网站: http://www.cypmedia.com

Preface 前言

首先，感谢您选择并阅读本书。

软件简介

随着信息技术的发展和信息时代的到来，平面广告作为广告宣传的主力军，因其价格便宜、信息发布灵活、传递速度迅速等优势，现已成为众多行业广告宣传的主要手段。在各类平面设计和制作软件中，CorelDRAW Graphics Suite凭借其强大的矢量图形绘制和编辑功能，易学易用，自诞生以来就深受平面设计人员和图形图像处理爱好者的喜爱。

内容提要

本书以理论知识结合实际案例操作的方式编写，分为基础知识和综合案例两个部分。

基础知识部分的介绍，为了避免学习理论知识后，实际操作软件时仍然感觉无从下手的尴尬，我们在介绍软件的各个功能时，会根据所介绍功能的重要程度和使用频率，辅以具体的案例，拓展读者的实际操作能力。每章内容学习完成后，还会有具体的案例来对本章所学内容进行综合应用，使读者可以快速熟悉软件功能和设计思路。通过课后练习内容的设计，使读者对所学知识进行巩固加深。

在综合案例部分，根据CorelDRAW软件在平面设计行业的应用方向，有针对性、代表性和侧重点，并结合实际工作中的具体应用来选择案例。通过对这些实用性案例的学习，使读者真正达到学以致用的目的。

为了帮助读者更加直观地学习本书，随书附赠的光盘中不但包括了书中全部案例的素材文件，方便读者更高效地学习。同时还配备了所有案例的多媒体有声视频教学录像，详细地展示了各个案例效果的实现过程，扫除初学者对新软件的陌生感。

使用读者群体

本书既可作为了解CorelDRAW X8各项功能和最新特性的应用指南，也可作为提高用户设计和创新能力的指导，适用读者群体如下：

- 各高等院校刚刚接触CorelDRAW平面设计的莘莘学子；
- 各大中专院校相关专业及培训班学员；
- 从事平面广告设计和制作相关工作的设计师；
- 对图形图像处理感兴趣的读者。

本书内容所涉及的公司、个人名称、作品创意以及图片等素材，版权仍为原公司或个人所有，这里仅为教学和说明之用，绝无侵权之意，特此声明。

本书在写作过程中力求谨慎，但因时间和精力有限，不足之处在所难免，敬请广大读者批评指正。

编 者

Contents 目录

Part 01 基础知识篇

Chapter 01 初识CorelDRAW

1.1 CorelDRAW概述 ·········· 10
  1.1.1 CorelDRAW的图像概念 ·········· 10
  1.1.2 软件的启动与退出 ·········· 12
  1.1.3 认识CorelDRAW X8的工作界面 ·········· 13
1.2 CorelDRAW基本操作 ·········· 14
  1.2.1 文档基本操作 ·········· 14
  1.2.2 绘图页面设置 ·········· 17
  1.2.3 视图方式设置 ·········· 18
1.3 辅助工具的应用 ·········· 19
  1.3.1 标尺 ·········· 19
  1.3.2 辅助线 ·········· 19
  1.3.3 动态辅助线 ·········· 20
  1.3.4 网格 ·········· 20
1.4 图形的输出与打印 ·········· 21
  1.4.1 网络输出 ·········· 21
  1.4.2 打印设置 ·········· 22
知识延伸 像素预览功能 ·········· 23
上机实训 创建多页文档 ·········· 24
课后练习 ·········· 26

Chapter 02 图形绘制

时光旅行·追寻梦想

2.1 绘制线条 ·········· 27
  2.1.1 手绘工具 ·········· 27
  2.1.2 2点线工具 ·········· 28
  2.1.3 贝塞尔工具 ·········· 29
  实例 绘制简笔画树叶 ·········· 30
  2.1.4 钢笔工具 ·········· 31
  实例 绘制卡通小蘑菇图形 ·········· 32
  2.1.5 B样条工具 ·········· 33
  2.1.6 折线工具 ·········· 34
  2.1.7 3点曲线工具 ·········· 34
  2.1.8 智能绘图工具 ·········· 34
  2.1.9 艺术笔工具 ·········· 34
  2.1.10 度量工具 ·········· 37
2.2 几何图形绘制 ·········· 40
  2.2.1 绘制矩形 ·········· 40
  2.2.2 绘制椭圆形 ·········· 42
  2.2.3 多边形工具 ·········· 43
  2.2.4 星形工具 ·········· 44
  2.2.5 复杂星形工具 ·········· 44
  2.2.6 图纸工具 ·········· 45
  2.2.7 螺纹工具 ·········· 46

2.2.8 基本形状工具 ·······················47

2.2.9 箭头形状工具 ·······················47

2.2.10 流程图形状工具 ···············48

2.2.11 标题形状工具 ·················48

2.2.12 标注形状工具 ·················49

知识延伸 多边形的修饰 ·················50

上机实训 美食卡通图标设计 ·········51

课后练习 ·······························54

Chapter 03 图形编辑

3.1 图形对象操作 ·························55

3.1.1 选择对象 ···························55

3.1.2 复制对象 ···························56

3.1.3 变换对象 ···························57

实例 制作雪花图形 ·····················58

3.1.4 控制对象 ···························59

实例 绘制抽象葡萄图形 ···············61

3.2 图形修饰工具应用 ·····················63

3.2.1 形状工具 ···························63

3.2.2 平滑工具 ···························63

3.2.3 涂抹工具 ···························64

3.2.4 转动工具 ···························64

3.2.5 吸引/排斥工具 ·················65

3.2.6 沾染工具 ···························65

3.2.7 粗糙工具 ···························66

3.2.8 裁剪工具 ···························66

3.2.9 刻刀工具 ···························67

3.2.10 虚拟段删除工具 ···············68

3.2.11 橡皮擦工具 ·····················68

3.3 图形填充 ·····························69

3.3.1 智能填充工具 ·················69

3.3.2 交互式填充工具 ···············70

3.3.3 网状填充工具 ·················74

3.3.4 滴管工具 ·······················75

3.4 轮廓线编辑 ·························76

3.4.1 设置轮廓线属性 ···············76

3.4.2 将轮廓线转换为对象 ·········77

知识延伸 再制、步长和重复、克隆 ···78

上机实训 绘制红色高跟鞋 ·············79

课后练习 ·······························84

Chapter 04 位图编辑处理

4.1 位图的导入与编辑 ·················85

4.1.1 导入位图 ·······················85

4.1.2 编辑位图 ·······················85

4.1.3 位图与矢量图的转换 ·········86

实例 制作旅行海报 ·····················87

4.1.4 位图模式的转换 ···············90

4.1.5 图像调整实验室 ···············90

4.1.6 矫正图像 ·······················91

4.2 位图的色彩调整 ·····················91

4.2.1 调合曲线 ·······················92

4.2.2 亮度/对比度/强度 ···········93

4.2.3 颜色平衡 ·······················93

4.2.4 色度/饱和度/亮度 ···········93

4.2.5 替换颜色 ·······················94

4.2.6 高反差 ································· 94

知识延伸 位图的另类变换和校正 ················· 94

上机实训 制作同学会CD封面 ················· 95

课后练习 ···································· 98

Chapter 05 图形效果与滤镜应用

5.1 图形效果应用 ··························99

5.1.1 调和效果 ·························99

5.1.2 轮廓图效果 ·····················100

5.1.3 变形效果 ·······················100

实例 使用扭曲工具绘制棒棒糖图形 ········101

5.1.4 阴影效果 ·······················103

5.1.5 封套效果 ·······················104

5.1.6 立体化效果 ·····················105

5.1.7 透明效果 ·······················106

实例 调整透明度绘制花朵背景图形 ········107

5.1.8 斜角效果 ·······················111

5.1.9 透镜效果 ·······················112

5.1.10 透视效果 ······················113

5.1.11 图形效果管理 ··················113

5.2 滤镜效果应用 ························115

5.2.1 三维效果 ·······················116

5.2.2 艺术笔触效果 ···················117

5.2.3 模糊效果 ·······················118

5.2.4 相机效果 ·······················119

5.2.5 颜色转换效果 ···················120

5.2.6 轮廓图效果 ·····················120

实例 制作员工招聘海报 ················120

5.2.7 创造性效果 ·····················121

5.2.8 自定义效果 ·····················122

5.2.9 扭曲效果 ·······················122

5.2.10 杂点效果 ······················122

5.2.11 鲜明化效果 ····················122

5.2.12 底纹效果 ······················123

知识延伸 插件滤镜 ······················123

上机实训 制作咖啡海报 ················· 124

课后练习 ································126

Chapter 06 文字与表格操作

6.1 文本创建与编辑 ······················127

6.1.1 文本的输入 ·····················127

实例 制作世界读书日海报 ···············129

6.1.2 文本编辑 ·······················133

6.1.3 应用文本样式 ···················137

6.2 表格创建与编辑 ······················138

6.2.1 表格的创建 ·····················138

6.2.2 表格的设置 ·····················139

6.2.3 表格的编辑 ·····················141

知识延伸 段落文本的链接 ················ 143

上机实训 制作鸡年台历 ·················· 144

课后练习 ································148

Part 02 综合案例篇

Chapter 07 名片设计

7.1 名片设计介绍 ·······················150

    7.1.1 名片设计应用领域 ···············150

    7.1.2 名片设计要素 ···················151

7.2 名片的印刷工艺和常用规格 ··········151

    7.2.1 印刷工艺 ·······················151

    7.2.2 名片常用版式和规格 ···········152

7.3 设计师个人名片设计 ·················153

Chapter 08 Logo 设计

8.1 Logo设计介绍 ·······················162

    8.1.1 Logo设计的作用 ···············162

    8.1.2 Logo设计的原则 ···············163

8.2 Logo设计的表现形式和应用场景 ······163

    8.2.1 Logo设计的表现形式 ···········163

    8.2.2 Logo的应用场景 ···············164

8.3 食品品牌Logo设计 ···················165

Chapter 09 海报设计

9.1 海报设计介绍 ···172
    9.1.1 海报设计的应用范围及分类·········172
9.2 海报设计的要素及表现形式·········173
    9.2.1 海报设计的要素·························173
    9.2.2 海报设计的表现形式·················174
9.3 夏日促销海报设计·························174

Chapter 10 DM 单页设计

10.1 DM单页设计介绍 ·····················182
    10.1.1 DM单页的类型·····················182
    10.1.2 DM单页宣传优势·················183
10.2 DM单页设计的要素及常用规格·········183
    10.2.1 DM单页设计的要素·············183
    10.2.2 DM单页的常用规格·············184
10.3 披萨品牌周年庆典DM单页设计·········184

Chapter 11 书籍装帧设计

11.1 行业知识导航·····························193
    11.1.1 书籍设计历史·····················193
    11.1.2 书籍设计要素·····················193
11.2 旅行类书籍封面设计·················194

Part 01

基础知识篇

基础知识篇将对CorelDRAW X8软件的基础知识和功能应用进行全面地介绍，包括图形绘制与编辑、效果与滤镜应用以及文字表格的运用等。在介绍软件功能的同时，配以丰富的实战案例，让读者全面掌握软件技术。熟练掌握这些理论知识，将为后面综合案例的学习奠定基础。

▋Chapter 01　初识CorelDRAW　　　　▋Chapter 02　图形绘制

▋Chapter 03　图形编辑　　　　　　　▋Chapter 04　位图编辑处理

▋Chapter 05　图形效果与滤镜应用　　▋Chapter 06　文字与表格操作

Chapter 01 初识CorelDRAW

本章概述

本章将对CorelDRAW软件概况和基本应用功能进行介绍，包括CorelDRAW图像的概念、操作界面的应用、文档的基本操作等。掌握这些基础知识，将为后续图像的编辑和处理打下基础。

核心知识点

❶ 了解CorelDRAW的功能概述
❷ 熟悉CorelDRAW的工作界面
❸ 掌握CorelDRAW的基本操作
❹ 应用CorelDRAW的辅助工具

1.1 CorelDRAW概述

CorelDRAW Graphics Suite是加拿大Corel公司出品的平面设计软件，随着计算机技术的不断发展和在图形设计领域的深入应用，CorelDRAW X8作为专业的矢量绘图软件，在不断完善和发展中，已具备了强大、全面图形编辑处理功能的优势，成为应用最为广泛的平面设计软件之一。

1.1.1 CorelDRAW的图像概念

在学习使用CorelDRAW软件进行图形图像处理前，首先需要了解有关图像的基础知识，下面将对矢量图、位图、像素、分辨率以及颜色模式等概念进行介绍，帮助读者了解设计制作中的一些基本知识。

1. 矢量图

矢量图也称为向量图，是使用一系列计算机指令来描述和记录的图像，所记录的主要是对象的几何体形状、线条粗细和色彩等信息。在进行矢量图形处理时，无论怎么拉伸放大矢量图形，均能保持图像边缘和细节的清晰度和真实感，不会出现图像模糊或锯齿的现象。但是矢量图的色彩不丰富，无法表现逼真的图像效果。

下图为原矢量图和局部放大后的对比效果，可以看到，连续放大矢量图不会影响图像效果。

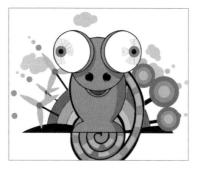 

2. 位图

位图又称为点阵图，是由称作像素的点组成，图像的大小和清晰度由图像中像素的多少决定，色彩表现力强、层次丰富，可以展现非常逼真的图像效果。由于位图是由一个一个像素点组成，当放大图像时，像素点也随之放大，但每个像素点表示的颜色是单一的，所以放大位图后，会出现图像模糊、马赛克等图像失真现象。

下图为原位图和局部放大后的对比效果，可以看到，连续放大后位图图像会变得模糊。

3. 像素

像素是组成位图图像的最小单位，下图中不同颜色的小方格就是像素。一个图像文件的像素越多，细节就越能被充分表现出来，图像的质量也就越高。但会增加磁盘的占用空间，编辑和处理的速度也会变慢。

4. 分辨率

分辨率是用于度量位图图像内像素多少的一个参数，分辨率越高，图像内包含的数据越多，图像文件越大，图像表现出的细节也就越丰富。分辨率在数字图像的显示及打印等方面起着至关重要的作用，一般分为图像分辨率、屏幕分辨率和打印分辨率。

- **图像分辨率**：是指图像中每单位长度所包含的像素数目，通常以"像素/英寸"（ppi）为单位来表示。但分辨率并不是越大越好，分辨率越大，图像文件越大，在进行处理时所需的内存和CPU处理时间也就越多。
- **屏幕分辨率**：即显示器分辨率，是显示器上每单位长度显示的像素或点的数量，通常以"点/英寸"（dpi）来表示。显示器分辨率取决于显示器的大小及其像素设置。显示器在显示图像时，图像像素直接转换为显示器像素，这样当图像分辨率高于显示器分辨率时，在屏幕上显示的图像比其指定的打印尺寸大。
- **打印分辨率**：即激光打印机（包括照排机）等输出设备产生的每英寸油墨点数（dpi）。

5. 颜色模式

CorelDRAW X8中的颜色模式有8种，分别为RGB模式、CMYK模式、位图模式、灰度模式、双色调模式、索引模式、Lab模式和HSB模式。其中最常用的颜色模式为RGB模式和CMYK模式。颜色模式是图像色调效果显示的一个重要概念，不仅可以显示颜色的数量，还会影响图像的文件大小。在打印输出时，设置合理的色彩模式是很有必要的。

- RGB色彩模式是色光的颜色模式，是一种能够表达"真色彩"的模式。红、绿、蓝是光的三原色，绝大多数可视光谱可用红绿蓝（RGB）三色光的不同比例和强度混合来产生。在这三种颜色的重叠处产生青色、洋红、黄色和白色。由于RGB颜色合成可以产生白色，所以也称为加色模式，是用于屏幕显示的颜色模式。

- CMYK色彩模式是基于图像输出处理的模式，以打印在纸上的油墨的光线吸收特性为基础。理论上，纯青色（C）、洋红（M）和黄色（Y）色素合成，吸收所有的颜色并生成黑色，因此该模式也称为减色模式。但由于油墨中含有一定的杂质，所以最终形成的不是纯黑色，而是土灰色，为了得到真正的黑色，必须在油墨中加入黑色（K）油墨，将这些油墨混合重现颜色的过程称为四色印刷。

> **提示：常用的矢量图与位图绘图软件**
>
> 常用的矢量图绘图软件有CorelDRAW、Adobe Illustrator、FreeHand；常用的位图图像处理软件有Adobe Photoshop和Corel Painter等。

1.1.2 软件的启动与退出

要使用CorelDRAW X8进行矢量图形绘制或图像处理，首先应掌握软件的启动与退出方法，下面分别进行介绍。

1. 启动CorelDRAW X8

启动CorelDRAW X8的方法有多种，除了常用的双击桌面快捷图标运行软件外，用户还可以通过单击桌面左下角的开始按钮，在打开的菜单列表中选择CorelDRAW X8选项，启动该程序。

此外，用户还可以在开始菜单列表中选择CorelDRAW X8选项并右击，在弹出的快捷菜单中选择"固定到'开始'屏幕"命令，如下左图所示。将CorelDRAW X8软件启动图标固定到开始屏幕后，下次直接单击开始按钮，选择CorelDRAW X8软件图标，即可启动软件，如下右图所示。

2. 退出CorelDRAW X8

要退出CorelDRAW X8应用程序，用户可以直接单击操作界面右上角的"关闭"按钮，如下左图所示。或者在菜单栏中执行"文件>退出"命令，退出程序，如下右图所示。

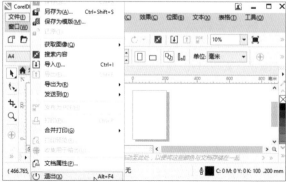

1.1.3　认识CorelDRAW X8的工作界面

　　启动CorelDRAW X8应用程序后，即可看到其工作界面由菜单栏、工具栏、属性栏、工具箱、工作区以及状态栏等组成，如下图所示。

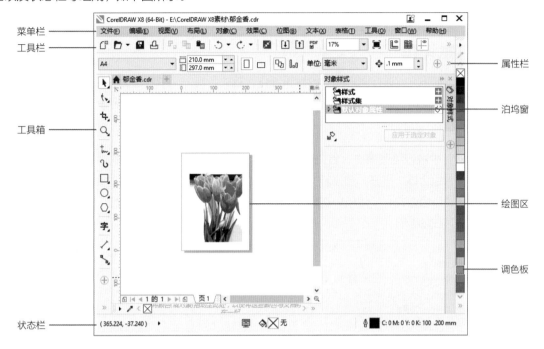

- **菜单栏：** 菜单栏中的各个菜单控制并管理着整个界面的状态和图像处理的要素，在菜单栏上任一菜单上单击，即可弹出该菜单列表，菜单列表中有的命令包含箭头，把光标移至该命令上，可以弹出该命令的子菜单。
- **工具栏：** 使用工具栏中的快捷按钮，可以执行相应的功能，简化用户的操作步骤，提高工作效率。
- **属性栏：** 属性栏位于工具栏下方，包含了与当前用户所使用的工具或所选择对象相关的可使用的功能选项，它的内容根据所选择的工具或对象的不同而不同。
- **泊坞窗：** 泊坞窗也称为"面板"，是编辑对象时所应用到的一些功能命令选项设置面板。泊坞窗显示的内容并不固定，执行"窗口>泊坞窗"命令，在子菜单中选择需要打开的泊坞窗选项。
- **工具箱：** 工具箱中集合了CorelDRAW 的大部分工具，其中的每个按钮都代表一个工具，有些工具按钮的右下角显示黑色的小三角，表示该工具下包含了相关系列的隐藏工具。
- **绘图区：** 绘图区用于图像的编辑，对象产生的变化会自动地同时反映到绘图窗口中。
- **调色板：** 在调色板中可以方便地为对象设置轮廓或填充颜色。单击调色板下方的折叠按钮 » ，可显示更多颜色；单击调色板中的向上 ∧ 或向下 ∨ 按钮，可以上下滚动调色板，以查询更多的颜色。
- **状态栏：** 状态栏位于软件界面的最下方，用于显示用户所选对象的有关信息，如对象的轮廓线颜色、填充色、对象所在图层等。

提示：选择工具
工具箱中的许多工具是以组的形式隐藏在工具按钮右下角的小三角形中，在该工具上按住鼠标左键不放，即可弹出隐藏工具列表，拖曳出来可显示为固定的工具栏。要使用某种工具，用户可以直接单击工具箱中该工具按钮即可。

1.2 CorelDRAW基本操作

了解了CorelDRAW的操作界面后，接下来将介绍使用CorelDRAW X8进行绘图的一些基本操作，包括文档的新建、打开、关闭以及页面和绘图方式的设置等。

1.2.1 文档基本操作

用户要想使用CorelDRAW进行图形图像的编辑制作，首先要有一个承载画面内容的载体，即文档。下面介绍有关文档的基本操作，例如文档的新建、打开、导入、导出、另存为或关闭等。

1. 新建文档

要在CorelDRAW中进行绘图操作，首先要创建一个新文档。用户可以单击软件界面左上角的"新建"按钮或按下Ctrl+N组合键，打开"创建新文档"对话框，如下左图所示。在该对话框中，对新建文档的"名称"、"大小"、"原色模式"、"渲染分辨率"等参数进行设置，然后单击"确定"按钮，即可创建一个空白的新文档，如下右图所示。

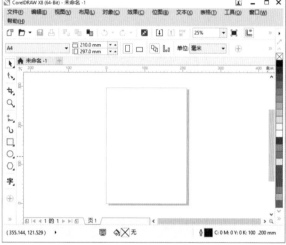

提示：新建模板文档

除了创建空白文档外，用户还可以利用CorelDRAW内置模板功能，创建带有通用内容的文档。

执行"文件>从模板新建"命令，在弹出的"从模板新建"对话框中选择合适的模板，单击"打开"按钮，即可创建带有模板内容的文档，用户可以在此基础上进行快捷的编辑操作，如右图所示。

2. 打开文档

在CorelDRAW中要打开已有的文档或素材，可以直接按下Ctrl+O组合键，在打开的"打开绘图"对话框中选择需要打开的文档后，单击"打开"按钮，如下左图所示。即可在CorelDRAW中快速打开选择的文档，如下右图所示。

 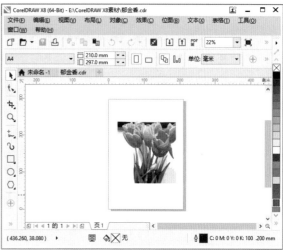

3. 保存文档

新建文档并进行相应的编辑操作后，单击软件界面左上角的"保存"按钮，或按下Ctrl+S组合键，打开"保持绘图"对话框，对文档储存的位置、名称和保存类型等进行设置后，单击"保存"按钮，即可保存文档。

如果对已保存过的文档进行编辑后，单击软件界面左上角的"保存"按钮，或执行"文件>保存"命令，文档的当前操作将自动覆盖之前的编辑状态，如下左图所示。

对已保存过的文档进行编辑后，执行"文件>另存为"命令，在弹出的"保存绘图"对话框中，可以重新设置文档的保持位置及名称等信息，如下右图所示。

 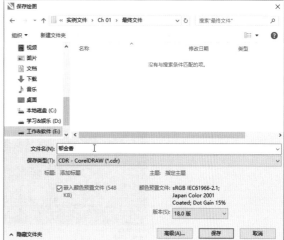

4. 导入文档

CorelDRAW X8不能直接打开一些指定格式的图像，例如要打开一个JPG格式的图像，需执行"文件>导入"命令，在弹出的"导入"对话框中选择需要导入的文件，单击"导入"按钮，此时光标将转换为导入光标，如下左图所示。单击鼠标左键，即可将导入的图像以原大小状态放置在文档中，然后用户根据需要对图像的位置和大小进行相应的设置，如下右图所示。

5. 导出文档

要导出CorelDRAW中经过编辑处理的图像，则执行"文件>导出"命令，或按下Ctrl+E组合键，如下左图所示。在打开的"导出"对话框中，选择文件的存储位置和保存类型后，单击"导出"按钮，如下右图所示。

 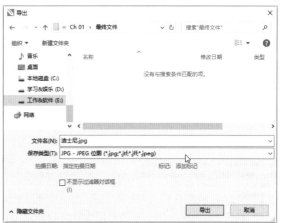

弹出"导出到JPEG"对话框，根据需要设置图像的相关属性后，单击"确定"按钮，如下图所示。

1.2.2 绘图页面设置

在CorelDRAW中进行绘图操作前，首先需要对绘图页面的相关属性进行设置，包括页面大小、纸张方向、页边距、页面背景以及页面布局等。

1. 设置页面属性

新建空白文档后，若需对文档的页面属性进行设置，可执行"布局>页面设置"命令，打开"选项"对话框。此时将自动切换至"页面尺寸"选项面板，用户可以对文档的页面属性进行设置，如下图所示。

- **设置页面大小**：单击对话框中"大小"右侧的下三角按钮，在下拉列表中选择文档页面的大小。
- **自定义页面尺寸**：在"高度"和"宽度"数值框中输入所需的数值，自定义页面大小。
- **设置页面方向**：单击"高度"数值框右侧的纵向或横向按钮，设置页面的方向。
- **分辨率设置**：在"渲染分辨率"数值框中输入所需分辨率值，或直接单击右侧的下三角按钮，在下拉列表中选择一种分辨率选项作为文档的分辨率（该选项仅在测量单位为像素时才可用）。
- **出血设置**：在"出血"数值框中输入相应的数值，或单击右侧的微调按钮，设置文档的出血尺寸。

2. 设置页面背景

为了使文档页面效果更加丰富，用户可以对页面的背景效果进行设置。执行"布局>页面设置"命令打开"选项"对话框后，切换至"背景"选项面板，在"背景"选项区域中设置页面的背景效果。

- **设置页面纯色背景**：选择"背景"选项区域中的"纯色"单选按钮后，单击右侧用于展开颜色面板的下三角按钮，选择所需的页面背景颜色，如下左图所示。
- **设置页面图片背景**：选择"背景"选项区域中的"位图"单选按钮后，单击右侧的"浏览"按钮，在打开的"导入"对话框中，选择合适的位图图像，单击"导入"按钮，即可为页面设置相应的图片背景效果，如下右图所示。

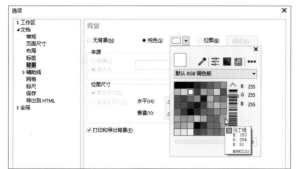

3. 设置页面布局

在进行绘图操作前，用户须先对图像文件的页面尺寸和对开页状态等版式进行设置。执行"布局>页面设置"命令，打开"选项"对话框，切换至"布局"选项面板，对页面的布局进行设置，如右图所示。

1.2.3 视图方式设置

在CorelDRAW中，用户可以根据工作需要和个人习惯，对文档的视图方式进行设置，从而使文档中图的编辑和处理更加便捷。

1. 文档窗口显示模式

CorelDRAW文档窗口的显示模式包括最大化、还原和最小化3种。单击文档窗口右上角的最大化按钮，可最大化显示窗口；最大化窗口后，文档窗口右上角的最大化按钮将变为还原按钮，单击可还原窗口；单击窗口右上角的最小化按钮，可将CorelDRAW窗口缩小至状态栏中，如右图所示。

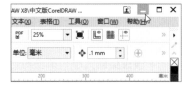

2. 窗口排列方式

在CorelDRAW中，若同时打开多个图形文件，用户可以在"窗口"菜单下选择相应的命令来设置窗口的显示模式，以方便图形的对比和查看。用户可以执行"窗口>水平平铺"命令，将窗口纵向排列，如下左图所示。或执行"窗口>层叠"命令，对窗口进行层叠排列，如下右图所示。

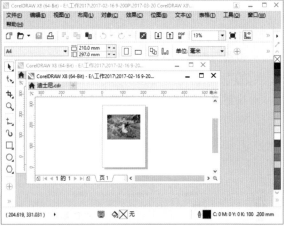

3. 预览显示

在图形编辑过程中，用户可以随时对页面中的对象以不同的区域或状态进行查看，包括全屏预览、分页预览或指定对象预览。选择图形对象后，执行"视图>只预览选定的对象"命令，如下左图所示。即可全屏显示选定的对象区域，如下右图所示。

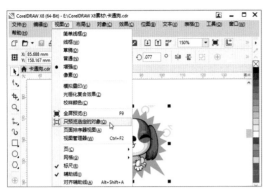 

1.3 辅助工具的应用

使用CorelDRAW的辅助工具，可以帮助用户进行更加精准的绘图操作。常用的辅助工具包括标尺、辅助线、网格等，这些辅助工具都是虚拟对象，在进行图像的打印或输出时不会显现出来。

1.3.1 标尺

标尺位于绘图页面的顶部和左侧边缘，能够帮助用户精确地绘制、缩放和对齐对象。执行"视图>标尺"命令，可以切换标尺的显示与隐藏状态，如下左图所示。在标尺上右击，从弹出的快捷菜单中选择"标尺设置"命令，打开"选项"对话框，然后对标尺进行更详细的设置，如下右图所示。

1.3.2 辅助线

辅助线可以辅助用户更精确地绘图，将光标定位到标尺上，按住鼠标左键并向画面中拖动，松开鼠标即会出现辅助线。从水平标尺拖曳出的辅助线为水平辅助线，从垂直标尺拖曳出的辅助线为垂直辅助线。

在标尺上右击，从弹出的快捷菜单中选择"辅助线设置"命令，在打开的"辅助线"泊坞窗中，用户可以根据需要对辅助线的相关属性进行设置。

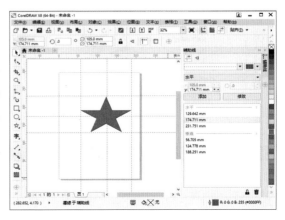

1.3.3 动态辅助线

　　动态辅助线是一种无需创建的实时辅助线，启用该功能可以帮助用户准确地移动、对齐和绘制对象。执行"视图>动态辅助线"命令，开启动态辅助线后，移动对象时对象周围会出现动态辅助线，效果如下左图所示。不启用动态辅助线拖动对象，效果如下右图所示。

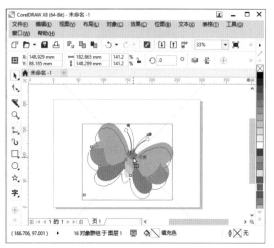 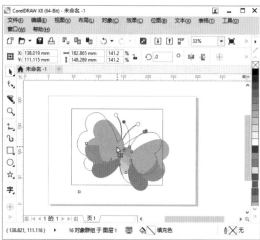

1.3.4　网格

　　网格是分布在页面中有一定规律的参考线，用于精确定位图像。执行"视图>网格"命令，其子菜单中包括"文档网格"、"像素网格"、"基线网格"三种网格，如下左图所示。

- 文档网格是一组可在绘图窗口显示的交叉线条。
- 像素网格在像素模式下可用，在"选项"对话框的"网格"面板中，用户可以在"像素网格"选项区域中对网格的不透明度和颜色等进行设置。
- 基线网格是一种类似于笔记本横格的网格对象。执行"视图>网格>文档网格"命令，即可显示文档网格，如下右图所示。

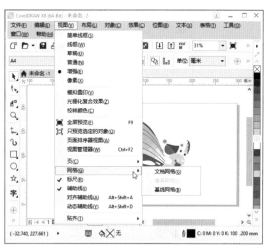 

提示：设置网格属性

在标尺上单击鼠标右键，从弹出的快捷菜单中选择"栅格设置"命令，在打开的"选项"对话框中，可以对网格的样式、间隔、颜色等属性进行设置。

1.4   图形的输出与打印

在CorelDRAW X8中完成图形的编辑和绘制后，要想输出至网络或打印出来，还需要进行相应的设置操作，本小节将对图形的输出与打印设置进行介绍。

1.4.1   网络输出

绘制或编辑完图形后，用户可以将图形以网络格式输出，上传到互联网进行更多应用。在输出网络前，用户可以对图形进行适当的优化操作，将图形文件发布为网络HTML或PDF格式。优化图形是将图形文件的大小在不影响画质的基础上进行适当的压缩，从而提高图形在网络上的传输速度，便于访问者快速查看或下载。下面介绍将图形导出为HTML网页格式的操作方法，具体如下。

步骤 01 在CorelDRAW X8中打开图形文件后，执行"文件>导出为>HTML"命令，如下左图所示。

步骤 02 打开"导出到HTML"对话框，单击"目标"选项区域下文件路径右侧的浏览按钮，如下右图所示。

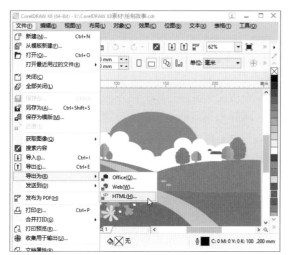

步骤 03 在打开的"选择文件夹"对话框中，选择导出为HTML格式文件的存放位置后，单击"选择文件夹"按钮，如下左图所示。

步骤 04 返回"导出到HTML"对话框并单击"确定"按钮，即可在Step 03选择的存放位置查看保存为HTML格式的文件，如下右图所示。

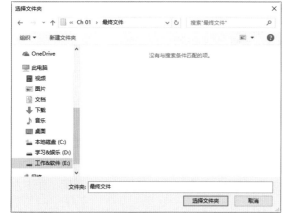
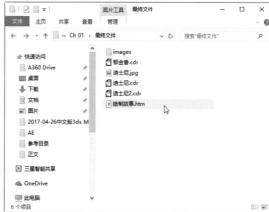

1.4.2 打印设置

在CorelDRAW中进行图形的编辑和绘制操作后，用户可以根据需要对图形进行打印输出。下面将对图形打印设置的相关操作进行介绍。

1. 打印设置

在CorelDRAW X8中打开需要打印的图形文件，执行"文件>打印"命令，或按下Ctrl+P组合键，如下左图所示。即可打开"打印"对话框，对文件的常规打印内容、颜色和布局等选项进行设置，如下右图所示。

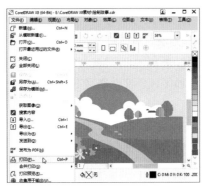 

在"打印"对话框中的"常规"选项卡下，用户可以设置图形文件打印的常规内容，如选择打印机、设置打印范围、设置打印份数等。单击"首选项"按钮，将弹出与所选打印机类型对应的设置对话框，在其中用户可以根据需要设置各个打印选项，如打印的纸张尺寸；单击"另存为"按钮，在打开的"设置另存为"对话框中，可将设置好的打印参数保存起来，以便日后在需要的时候直接调用。

2. 打印预览

一般情况下，图形打印输出前都需要进行效果预览，以确认打印输出的总体效果。执行"文件>打印预览"命令，在"打印预览"界面中不仅可以预览打印效果，还可以对输出效果进行调整。预览完毕后单击关闭按钮，关闭打印预览视图，如下图所示。

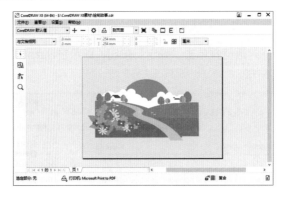

3. 颜色设置

在CorelDRAW中，用户可以根据实际需要将图形按照印刷的4色创建CMYK颜色分离的页面文档，并且可以指定颜色分离的顺序，以便在出片时保证图像颜色的准确性，下面介绍具体操作方法。

步骤 01 在CorelDRAW X8中打开图形文件，执行"文件>打印"命令，打开"打印"对话框，如下左图所示。

步骤 02 在"常规"选项卡下单击"打印类型"右侧扩展按钮，显示打印预览区域，如下右图所示。

步骤 03 切换至"颜色"选项卡，选择"分色打印"单选按钮，查看预览图变为黑白灰显示的效果，如下左图所示。

步骤 04 然后切换至"分色"选项卡，根据不同的印刷要求，取消勾选相应的颜色复选框，如下右图所示。

 知识延伸：像素预览功能

在CorelDRAW中导入位图图像后，放大位图图像可以查看其像素的分布状态。CorelDRAW X8提供了查看矢量图形像素预览功能，用户可以根据需要查看像素的分布状态。

步骤 01 在CorelDRAW X8中打开图形文件，执行"视图>像素"命令，将视图效果转换为像素预览状态，如下左图所示。

步骤 02 放大画面显示图形的局部，查看图形像素的分布状态，如下右图所示。

上机实训：创建多页文档

在CorelDRAW中执行"文件>新建"命令后，创建的文档只有一页，用户可以根据需要创建更多的文档页面。当创建的页面过多时，为了便于查看和管理还可以对页面进行命名。

步骤 01 打开CorelDRAW X8软件，单击界面左上角的"新建"按钮，或按下Ctrl+N组合键，如下左图所示。

步骤 02 在打开的"创建新文档"对话框中，对新文档参数进行相应的设置，如下右图所示。

步骤 03 新建图像文档后，执行"布局>页面设置"命令，如下左图所示。

步骤 04 在打开的"选项"对话框中，根据需要设置文档页面属性，如下右图所示。

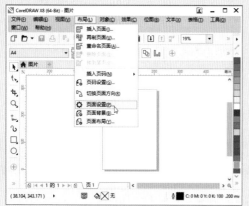 

步骤 05 单击"确定"按钮返回文档中，执行"文件>导入"命令，如下左图所示。

步骤 06 在打开的"导入"对话框中选择要导入的图片，单击"导入"按钮，如下右图所示。

步骤 07 返回图像文档中，单击并拖动鼠标左键，设置插入图像的尺寸，将所选图像以鼠标拖动设置的尺寸插入到文档中，如下左图所示。

步骤 08 接着单击工作界面右下角的"插入新页面"按钮，如下右图所示。

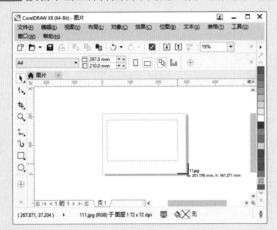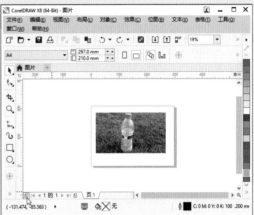

步骤 09 即可插入一个新的图像文档页。选中插入的新页面标签并右击，在弹出的快捷菜单中选择"重命名"命令，如下左图所示。

步骤 10 在打开的"重命名页面"对话框中设置新页面的名称后，单击"确定"按钮，如下右图所示。

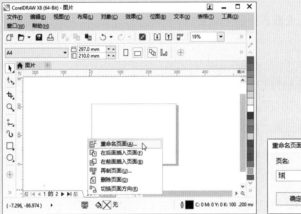

步骤 11 用户也可以执行"布局>重命名页面"命令，如下左图所示。

步骤 12 在打开的"插入页面"对话框中设置插入新页面的数量、位置和尺寸等属性，如下右图所示。

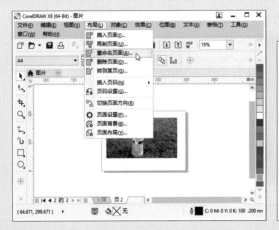

课后练习

1. 选择题

（1）组成位图图像的最小单位是（　　）。

　　A. 分辨率　　　　　　　　　　　　B. 像素

　　C. 矢量　　　　　　　　　　　　　D. 对象

（2）图形打印的快捷键是（　　）。

　　A. Ctrl+Shift+N　　　　　　　　　B. Ctrl+N

　　C. Ctrl+P　　　　　　　　　　　　D. Ctrl+Shift+P

（3）新建空白文档的方法（　　）。

　　A. 执行"文件>新建"命令　　　　　B. 单击操作界面左上角"新建"按钮

　　C. 按下Ctrl+N组合键　　　　　　　D. 以上都是

（4）CorelDRAW X8默认的视图模式是（　　）。

　　A. 框架模式　　　　　　　　　　　B. 草图模式

　　C. 正常模式　　　　　　　　　　　D. 增强模式

2. 填空题

（1）分辨率是度量位图图像内像素多少的一个参数，一般分为_____、_____、_____
3种。

（2）矢量图也称为_____，位图又称为_____。

（3）在CorelDRAW中要打开已有的文档或位图素材，可以直接按下_____组合键，在打开的
"打开绘图"对话框中选择需要打开的文档。

（4）使用CorelDRAW的辅助工具，可以帮助用户进行更加精准的绘图操作，常用的辅助工具包括
_____、_____和_____等。

3. 上机题

　　打开随书光盘中的"上机题-迪士尼.cdr"文件，执行"文件>发布为PDF"命令，将图形文件
发布为PDF格式，如下图所示。

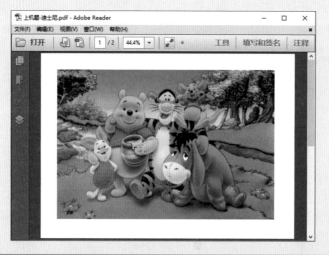

Chapter 02 图形绘制

本章概述

CoreIDRAW X8的工具箱中包含多种绘图工具，使用这些绘图工具可以非常方便地绘制线段、曲线、几何图形或复杂精确的矢量对象。通过本章知识的学习，使用户掌握在CoreIDRAW中绘制图形的操作方法，能够根据需要绘制出所需的图形。

核心知识点

❶ 掌握绘制线条工具的应用
❷ 掌握各种线条工具的应用
❸ 掌握绘制几何图形工具的应用
❹ 掌握图形度量工具的应用

2.1 绘制线条

在CoreIDRAW X8中，线条绘制包括直线绘制和曲线绘制。在工具箱中按住手绘工具按钮，然后在打开的工具组列表中，可以看到用于绘制直线、折线、曲线，或由折线和曲线构成的矢量形状的工具，如右图所示。

2.1.1 手绘工具

使用CoreIDRAW X8的手绘工具可以非常自由地绘制曲线和直线线段，就像在纸上使用铅笔绘制一样。该工具具有很强的自由性，并且在绘制过程中会自动对毛糙的边缘进行修复，使绘制的线条更加流畅自然。选择工具箱中的手绘工具后，即可进行以下线条的绘制。

1. 绘制直线

选择手绘工具后，在页面中的空白处单击并移动光标，如下左图所示。移动光标确定另一点的位置后，再次单击鼠标左键，即可在两点之间形成一条直线，如下右图所示。

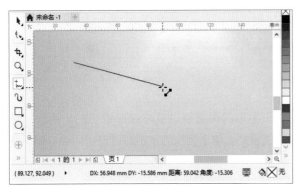
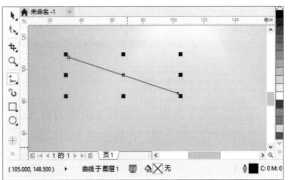

提示：绘制水平或垂直的直线

如果需要绘制水平或垂直的直线，则在移动鼠标的同时按住Shift键进行绘制即可。

2. 绘制折线

使用手绘工具在需要绘制折线的起点处单击，移动光标到第二个点处双击，如下左图所示。接着继续移动光标确定第三个点的位置后，单击鼠标左键，即可绘制出折线，如下右图所示。

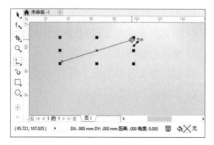 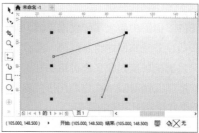

绘制折线后，将光标移动到线段末尾的节点上，待光标变为 ᨀ 形状时，拖动光标进行绘制。当起点和终点重合时，即会形成一个面，如下图所示。

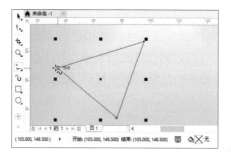

3. 绘制曲线

使用手绘工具在页面中按住鼠标左键进行拖曳绘制，松开鼠标左键即可形成曲线，如下左图所示。在绘制过程中，曲线线条会有毛边或手抖的现象，这时用户可以在属性栏中调节"手绘平滑"的数值，对绘制的曲线进行平滑处理，如下右图所示。

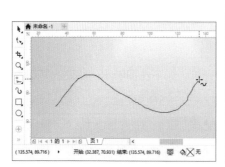 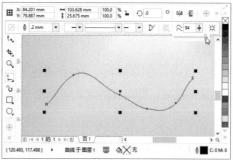

2.1.2 2点线工具

使用2点线工具可以绘制任意角度的直线段、垂直于图形的垂直线以及与图形相切的切线段，选择工具箱中的2点线工具，在属性栏中可以看到这三种绘图模式，单击相应的按钮即可进行切换，如下图所示。

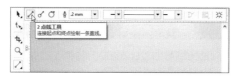

- 选择工具箱中的2点线工具后，确定属性栏中的绘图模式为"2点线工具"，在绘制线段的起点处按住鼠标左键并拖动，确定线段的角度和长度后松开鼠标，起点和中点之间会形成一个线段，如下左图所示。
- 选择工具箱中的2点线工具后，单击属性栏中的"垂直2点线"按钮，将光标移至已有直线上，单击对象的边缘，然后将光标向外拖动，即可得到垂直与原有线段的一条直线，如下中图所示。
- 选择工具箱中的2点线工具后，单击属性栏中的"垂直2点线"按钮，将光标移动到对象边缘处，按住鼠标左键，拖曳到适当的位置松开鼠标，即可绘制一条与对象相切的线段，如下右图所示。

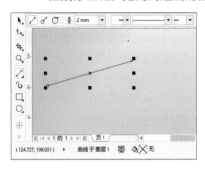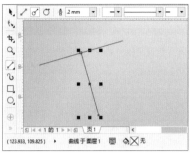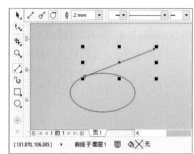

2.1.3 贝塞尔工具

贝塞尔工具是创建复杂而精确图形最常用的工具之一，可以创建非常精确的直线和对称流畅的曲线。图形绘制完成后，用户可以通过节点进行曲线和直线的修改。

1. 绘制直线

选择工具箱中的贝塞尔工具，光标变为形状时，在绘图页面中单击确定起始节点，移动光标至合适的位置并单击，即可绘制两点之间的直线，如下左图所示。按照同样的方法继续绘制，形成一个闭合的图形，通过拖曳控制柄调整绘制图形的形状大小，如下中图所示。选中图形，单击调色板中的色块可以填充图形，如下右图所示。

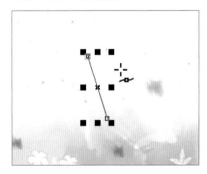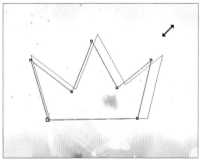

2. 绘制曲线

使用贝塞尔工具在绘图页面中单击鼠标左键并拖曳，确定绘制曲线的起始节点，如下左图所示。此时节点两端出现蓝色带箭头的控制线，节点以蓝色方块显示，移动光标至下一个位置，单击鼠标左键并拖曳，调整曲线的形状至合适位置，按Enter键结束绘制，如下中图所示。使用选择工具选中绘制的曲线，通过调整控制点的位置来调整曲线的弧度和大小，如下右图所示。

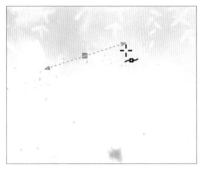 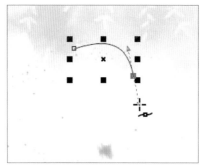 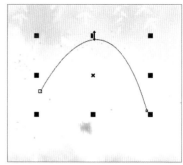

提示：将绘制的曲线转换为直线

在工具箱中选择形状工具，然后单击曲线线段，出现黑色小点表示已经选中，如下左图所示。然后单击属性栏中"转换为线条"按钮，选中的曲线将变为直线，如下右图所示。除此之外，用户可以选中曲线并单击鼠标右键，在快捷菜单中选择"到直线"命令，也可以将曲线变为直线。

实例 绘制简笔画树叶

下面介绍使用贝塞尔工具绘制简笔画树叶图形的过程，通过本案例的学习，使读者能熟练运用贝塞尔工具绘制图形，为设计完美的作品奠定基础。

步骤 01 执行"文件>新建"命令，在弹出的"创建新文档"对话框中，对创建文档的参数进行设置后，单击"确定"按钮，如下左图所示。

步骤 02 选择工具箱中的贝塞尔工具，在绘图页面中绘画出树叶的大致轮廓，如下右图所示。

 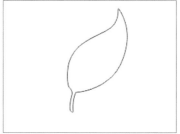

步骤 03 继续使用贝塞尔工具，在树叶轮廓内绘画出树叶的内部纹路，并使用选择工具调整纹路的位置，如右图所示。

步骤 04 使用形状工具，选择要修改的线条，将光标放在线条旁边，双击线条，可增加接点，依次修改绘制形状的轮廓，效果如下左图所示。

步骤 05 设置树叶的填充颜色为绿色，然后设置树叶内部纹路填充颜色为白色，效果如下右图所示。

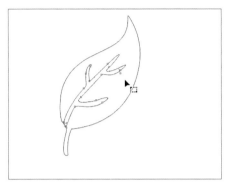 

步骤 06 单击选中树叶内部纹路形状，设置形状轮廓为"无轮廓"，如下左图所示。

步骤 07 至此整个图形就绘制完成了，最终效果如下右图所示。

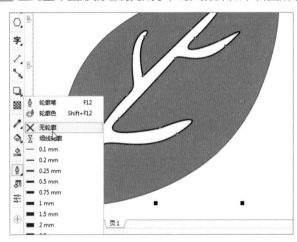 

2.1.4 钢笔工具

钢笔工具和贝塞尔工具的使用方法相似，都是通过节点连接绘制直线或曲线，是实际绘图操作中经常使用的工具之一。在工具箱中选择钢笔工具，其属性栏如下图所示。

钢笔工具属性栏中各参数含义介绍如下。

- **预览模式** ：单击该按钮，在确定下一节点前自动生成一条预览当前绘制曲线形状的效果，否则不显示预览的蓝线。
- **自动添加或删除节点** ：单击该按钮，将光标移至曲线上并单击鼠标左键，即可添加节点；若移至节点上并单击鼠标左键，则删除选中的节点。
- **轮廓宽度** ：用户可以在数值框中输入相应的数值或在列表中选择所需轮廓的宽度值选项。设置轮廓宽度值为36.0pt，效果如下左图所示。
- **起始箭头**：单击该下拉按钮，在列表中为起台点选择合适的箭头，如下中图所示。
- **线条样式**：设置线条或轮廓的样式，单击该下拉按钮，在列表中选择线条样式，如下右图所示。

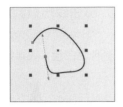 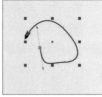 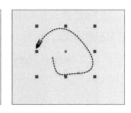

- **终止箭头**：在列表中选择终止点的箭头样式，如下左图所示。
- **闭合曲线** ：若绘制开放的曲线，单击该按钮使用直线连接起始点和结束点，如下右图所示。

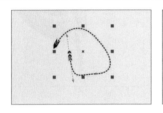 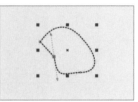

打开CorelDRAW应用程序，在工具箱中选择钢笔工具，光标变为钢笔头形状，移至绘图页面中单击鼠标左键确定起始节点，接着移动光标至结束点位置单击鼠标左键，按Enter键结束绘制，即可绘制一条直线，如下左图所示。若要绘制曲线，可使用钢笔工具在绘图页面单击确定起始节点，将光标移至下一节点，按住鼠标左键不放拖曳控制线，调整曲线的弧度，按Enter键结束，如下右图所示。

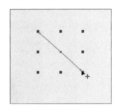 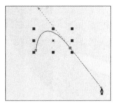

实例 绘制卡通小蘑菇图形

下面根据所学的钢笔工具相关知识，介绍使用该工具绘制卡通的小蘑菇图形的操作方法，具体步骤如下。

步骤 01 首先执行"文件>新建"命令，在弹出的"创建新文档"对话框中，对创建文档的参数进行设置后，单击"确定"按钮，如下左图所示。

步骤 02 选择工具箱中的钢笔工具，在绘图页面绘出蘑菇的大致轮廓，如下右图所示。

 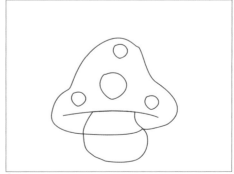

步骤 03 使用形状工具选择要修改的线条，将光标放在线条上并双击，可增加节点，依次修改绘制形状的轮廓，如下左图所示。

步骤 04 设置小蘑菇上图形部分的填充颜色为红色，下部分填充颜色为黄色，设置小蘑菇上的圆圈填充颜色为白色，效果如下右图所示。

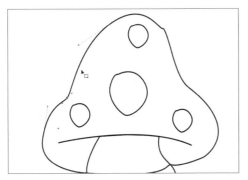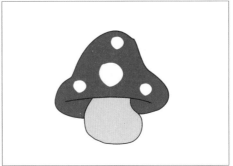

步骤 05 按住键盘上Shift键的同时单击选中蘑菇的上部分和下部分形状，设置轮廓颜色为"无轮廓"，如下左图所示。

步骤 06 这样整个图形就绘制完成了，最终效果如下右图所示。

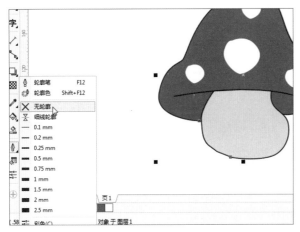

2.1.5　B样条工具

　　B样条工具通过创建控制点的方式绘制曲线，3个控制点之间形成的夹角影响曲线的弧度。选择工具箱中的B样条工具，将光标移至绘图页面，单击鼠标左键创建第1个控制点，按照相同的方法创建其他控制点，创建第3个控制点时会出现弧线，双击鼠标左键或按Enter键结束绘制，如下左图所示。通过调整四周控制点的位置，可改变绘制图形的形状，如下中图所示 。在使用B样条工具绘制曲线时，当和起始节点重合，则曲线自动闭合，如下右图所示。

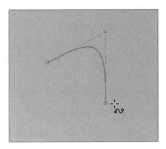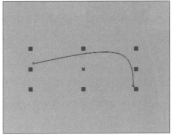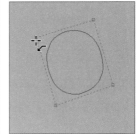

2.1.6 折线工具

使用折线工具可以绘制折线，也可手绘曲线。选择工具箱中的折线工具，在绘图页面中单击鼠标左键确定起始节点，移至光标至下一节点处单击，即可绘制线段，如下左图所示。按照相同的方法，继续绘制所需的图形，如下中图所示。折线工具和手绘工具一样，都可以手动绘制曲线，选择折线工具在绘图页面手动绘曲线即可，如下右图所示。

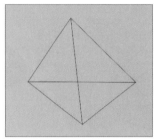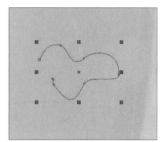

2.1.7 3点曲线工具

在工具箱中选择3点曲线工具后，将光标移至绘图页面，单击鼠标左键并拖曳，如下左图所示。拖曳至合适位置释放鼠标，即可绘制所需的曲线，如下中图所示。在拖曳鼠标绘制曲线时，按住Ctrl键不放，可绘制同心的圆弧，如下右图所示。

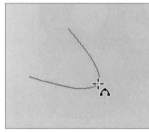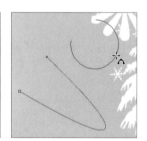

2.1.8 智能绘图工具

智能绘图工具可以修整用户手动绘制的不规则图形。选择工具箱中的智能绘图工具，将变为铅笔形状的光标移至绘图页面，按住鼠标左键并拖曳绘制图形，如下左图所示。绘制完成后释放鼠标，系统自动转换为基本形状，或是平滑的曲线，如下右图所示。

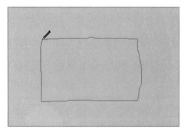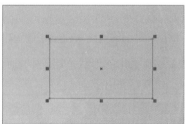

2.1.9 艺术笔工具

艺术笔工具可以快速创建系统提供的图案或笔触效果，这些笔触可以模拟现实中的毛笔和钢笔的笔触效果，还可以沿路径绘制出各种各样的图形。在艺术笔工具的属性栏中提供了五种笔触模式，下面分别进行介绍。

1. 预设模式

"预设"模式提供了多种线条类型,通过选择的线条样式用户可以轻松绘制特殊的效果。在艺术笔工具的属性栏中单击"预设"按钮,其属性栏变为预设属性,如下图所示。

"预设"选项属性栏的各参数含义介绍如下。

- **预设笔触:**单击"预设笔触"下三角按钮,在列表中选择绘制线条和曲线的笔触。选择笔触后,在绘图页面拖曳鼠标进行绘制,如下左图所示。释放鼠标,稍等片刻即应用选中的笔触,如下中图所示。
- **手绘平滑** ⌃ 100 ⊞:在数值框中输入所需的值,设置线条的平滑度。
- **笔触宽度** ⬤ 10.0" :输入所需的值,设置笔触的宽度,值越大笔触越宽。在"笔触宽度"数值框中输入3,按Enter键后,效果如下右图所示。
- **随对象一起缩放笔触** ⬚:激活该按钮,缩放笔触时,线条的宽度会随着缩放而改变。

2. 笔刷模式

"笔刷"模式的艺术笔触用于模拟笔刷绘制的效果,在艺术笔工具属性栏中单击"笔刷"按钮,其属性栏变为笔刷属性,如下图所示。

"笔刷"选项属性栏的各参数含义介绍如下。

- **类别:**设置艺术笔工具的类别,单击该下三角按钮,下拉列表中包括"艺术"、"书法"、"对象"、"滚动"和"感觉的"等8种类别选项。
- **笔刷笔触** ⌃ 100 ⊞:在该列表中选择所需的笔刷笔触,笔刷类别不同,笔刷笔触的样式也不同。如下左、下右图所示为使用"书法"和"飞溅"类别中的笔刷笔触书写的效果。
- **浏览** ⬚:可以将硬盘中的艺术笔刷导入并使用。
- **保存艺术笔触:**将自定义的笔触保存到自定义笔触列表中。

3. 喷涂模式

"喷涂"模式是通过喷涂预设的图案来绘制路径描边，其图案的选择非常多，用户可以在艺术笔工具属性栏中单击"喷涂"按钮，其属性栏变为喷涂属性，如下图所示。

"喷涂"选项属性栏的各参数含义介绍如下。

- **类别**：设置艺术笔工具的类别，单击该下三角按钮，下拉列表中包括"食物"、"脚印"、"其它"、"马赛克"和"音乐"等10种类别。
- **喷射图样**：在下拉列表中选择要应用的喷射图样，类别不同的喷射图样，其选项也不同。下左、下中图为使用脚印和对象类型喷射图样绘制的文字。
- **喷涂列表选项** ：通过添加、移除或重新排列喷射对象来编辑喷涂列表，单击该按钮，将打开"创建播放列表"对话框，如下右图所示。
- **喷涂对象大小**：上方的数值框用于将喷射对象的大小统一调整为其原始大小的特定百分比；下方的数值框用于将第一个喷射对象的大小调整为前面对象大小的特定百分比。

- **递增按比例放缩**：单击该按钮，激活喷涂对象大小的下方数值框，设置其百分比。
- **喷涂顺序**：设置喷射对象沿笔触显示的顺序，包括"随机"、"顺序"和"按方向"3种。
- **每个色块中的图像数和图像间距** ：上方的数值框用于设置每个色块中的图像数；下方的数值框用于调整沿每个笔触长度的色块间的距离。
- **旋转** ：在旋转面板中设置喷涂对象的旋转角度，如下左图所示。
- **偏移** ：在偏移面板中设置喷涂对象的偏移方向和距离，如下右图所示。

4. 书法模式

"书法"模式是通过计算曲线的方向和笔头角度来更改笔触的粗细，从而模拟出书法的效果。在艺术笔工具属性栏中单击"书法"按钮，然后设置"手绘平滑"值为50，"笔触宽度"值为5，"书法角度"值为0，在绘图页面绘画，效果如下左图所示。设置"手绘平滑"值为100，"笔触宽度"值为10，"书法角度"值为45，在绘图页面绘画，效果如下右图所示。

5. 压力模式

"压力"模式是模拟使用压感画笔的效果进行绘画。在艺术笔工具的属性栏中单击"压力"按钮，设置"手绘平滑"值为100，"笔触宽度"值为10，在绘图页面绘画，效果如下左图所示。设置"手绘平滑"值为50，"笔触宽度"值为2，在绘图页面绘画，效果如下右图所示。

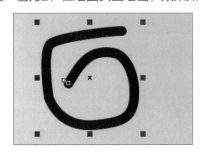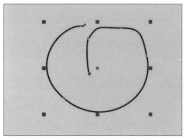

2.1.10　度量工具

使用度量工具可以进行精准的绘图，对画面中的尺寸进行标注。度量工具包括平行度量、水平或垂直度量、角度量、线段度量和3点标注5种，下面将逐一介绍这几种度量工具。

1. 平行度量工具

平行度量工具可以度量出任何角度的两个节点之间的距离。在工具箱中选择平行度量工具，其属性栏如下图所示。

平行度量工具属性栏中各参数的含义介绍如下。

- **度量样式**：设置度量线的样式，在其下拉列表中包括"十进制"、"小数"、"美国工程"、"美国建筑学"的4个选项。
- **度量精度**：设置度量线测量的精确度。
- **度量单位**：在下拉列表中选择度量线的测量单位。
- **显示单位**：在度量线文本中显示测量单位。
- **显示前导零**：当值小于1时，在度量线测量中显示前导零。如下左图所示。
- **前缀**：设置度量线文本的前缀，在文本框中输入"高"，效果如下中图所示。
- **后缀**：设置度量线文本的后缀，在文本框中输入"长"，效果如下右图所示。

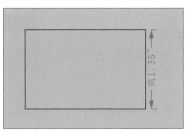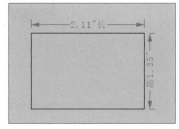

- **动态度量**：当度量线重新调整大小时，自动更新度量线的测量。
- **文本位置**：设置度量线文本的位置，单击该下拉按钮，下拉列表中包括"尺度线上方的文本"、"尺度线中的文本"、"尺度线下方的文本"和"将延伸线间的文本居中"等选项，设置效果如下图所示。
- **延伸线选项**：单击该按钮，在打开的面板中设置自定义度量线上的延伸线。

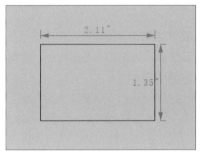 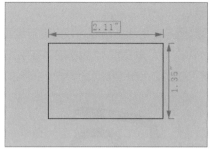

选择平行度量工具，将光标移至需要测量的起始点，按住鼠标左键并拖曳至测量的终点，释放鼠标，如下左图所示。在平行度量工具的属性栏中设置线条的宽度、双箭头的标志以及线条样式，然后拖曳鼠标至终点并释放鼠标，然后稍微移动鼠标，如下中图所示。在测量线段外侧显示测量结果，并应用了设置度量线的样式，效果如下右图所示。

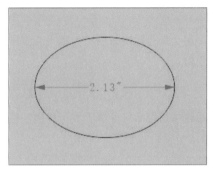 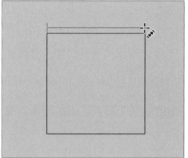 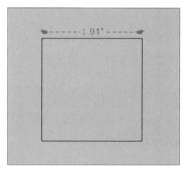

2. 水平或垂直度量工具

水平或垂直度量工具只能为对象测量水平或垂直角度上两个节点之间的距离，并添加标注，其测量方法和平行度量工具一样。在工具箱中选择水平或垂直度量工具，在其属性栏中设置度量线的格式，在绘图页面选中测量的起点，然后水平或垂直移动光标至终点，释放鼠标即可完成测量，如下图所示。

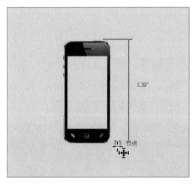 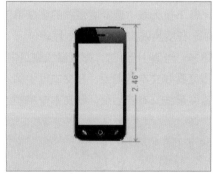

3. 角度量工具

角度量工具可以准确地测量对象的角度，并添加标注。在使用角度量工具之前，用户可以根据需要在属性栏中设置角度的单位，如度、弧度和粒度。

在工具箱中选择角度量工具，在其属性栏中设置度量线的格式后，在绘图页面中将光标定位在角度的相交处，按住鼠标左键沿着一个边进行拖曳，如下左图所示。然后释放鼠标左键，将光标移至另外一条边并单击鼠标左键，确定两条测量边的位置，如下中图所示。最后移动光标，确定角度文本的位置并单击鼠标左键，测量角度完成，如下右图所示。

4. 线段度量工具

线段度量工具主要用于自动测量线段上起点至结束点之间的距离，既可以测量单个线段长度，也可以测量连续线段中各段的距离。

在工具箱中选择线段度量工具，将光标移至需要测量的线段上并单击鼠标左键，向空白区域拖曳，再次单击鼠标左键，即可测量单个线段的长度，如下左图所示。在属性栏中激活"自动连续度量"按钮，按住鼠标左键拖曳选中线段上的所有节点，如下中图所示。然后释放鼠标，移至空白区域并单击鼠标左键，即可为连续线段中各段添加度量标注，如下右图所示。

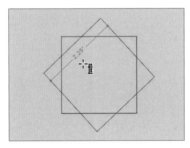 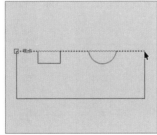 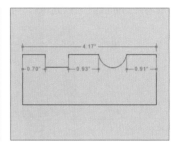

5. 3点标注工具

3点标注工具用于为对象添加折线并标注文字。在工具箱中选择3点标注工具，其属性栏如下图所示。

3点标注工具属性栏中各参数的含义介绍如下。

- **标注形状**：设置标注文本的形状，如方形、圆形、三角形等。
- **间隙**：设置文本和标注形状之间的距离。

选中3点标注工具，将光标移至需要标注的对象上，按住鼠标左键并拖曳至合适位置，释放鼠标左键确定第2点的位置，如下左图所示。移动光标至合适位置并单击鼠标左键，确定文本输入的位置，此时光标右下角出现"字"文本，如下中图所示。根据需要输入相关文字，然后选中文本并在属性栏中设置文本的格式，效果如下右图所示。

2.2 几何图形绘制

在CorelDRAW中不仅可以绘制直线和曲线，还可以利用软件提供的绘图工具绘制几何图形，如矩形、椭圆形、多边形、星形、复杂星形和螺纹等。用户选择相应的几何图形绘制工具并在绘图页面进行绘画，然后在属性栏中进行适当的调整，即可得到所需的图形。其操作比较简单，而且非常实用，在本节中我们将逐个介绍这些工具的使用方法。

2.2.1 绘制矩形

在CorelDRAW软件的工具箱中，用户可以使用矩形工具和3点矩形工具绘制出长方形、正方形、扇形角矩形以及圆角矩形等图形。

1. 矩形工具

使用矩形工具，可以通过拖曳对角线来快速绘制矩形。选择工具箱中的矩形工具，将光标移至绘图页面并按住鼠标左键向对角方向进行拖曳，拖动至合适位置释放鼠标即可绘制矩形，如下左图所示。如果在拖曳鼠标绘制的同时按住Ctrl键，可以得到一个正方形，如下右图所示。

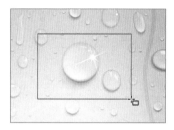 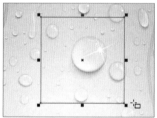

矩形工具的属性栏如下图所示。

矩形工具属性栏中各选项的含义介绍如下。

- **圆角▢**：单击该按钮后，通过设置转角半径值可以将直角变为弯曲的圆弧角，如下左图所示。
- **扇形角▢**：单击该按钮，可以将直角变为扇形相切的角，形成曲线角，如下中图所示。
- **倒棱角▢**：单击该按钮，可以将直角替换为直边，如下右图所示。

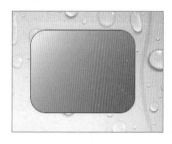  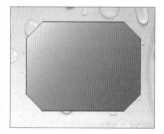

- **转角半径**：在4个转角半径数值框中输入相应的值，可以分别设置4个边角样式的平滑度大小。
- **同时编辑所有角**：激活该按钮，在4个转角半径数值框的任意一个数值框中输入数值，其他3个数值会自动设置相同的数值。若取消激活该按钮，可分别设置转角的半径。设置左上角的半径值为30，左下角的半径值为10，右上角的半径值为10，右下角的半径值为20，效果如下左图所示。
- **相对角缩放**：单击该按钮，当缩放图形时，转角半径会随之改变。

- **轮廓宽度：**设置矩形边框的宽度，用户也可以根据需要设置"轮廓宽度"为"无"，效果如下右图所示。

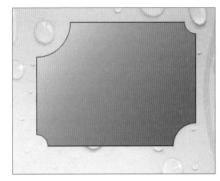 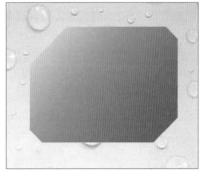

- **转换为曲线** ⟳：未激活该按钮时，使用形状工具时行角上的变化，如下左图所示。激活该按钮，单击曲线后可以添加节点和自由变换等操作，如下右图所示。

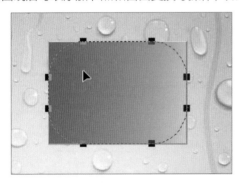 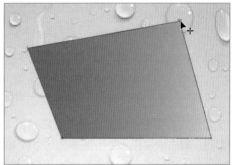

提示：绘制矩形的操作技巧

在绘制基本图形时，可以配合快捷键操作，绘出的图形也不一样。下面以矩形工具为例，介绍操作技巧。

- 按住鼠标左键进行拖曳绘制图形时，按住Ctrl键，可绘制出一个正方形。
- 按住Shift键的同时，按住鼠标左键拖曳，可以以起点作为图形的中心点绘制图形。
- 按住Shift+Ctrl键的同时按住鼠标左键拖曳，可以以起点作为图形的中心点绘制正方形。

2. 3点距形工具

3点矩形工具是通过指定3个点的位置，以指定高度和宽度绘制矩形。选择工具箱中的3点矩形工具，然后在绘图页面空白处指定起始点位置，按住鼠标左键拖曳至合适位置，释放鼠标确定一条边，如下左图所示。然后移动光标确定矩形的另外一条边并单击鼠标左键，完成绘制操作，效果如下右图所示。

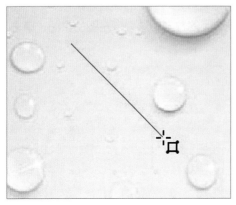 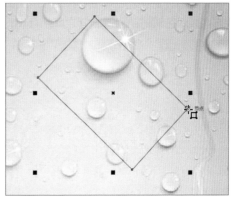

2.2.2 绘制椭圆形

在CorelDRAW中，除了矩形类的常用基本图形外，还有另外一种常用的基本图形，即椭圆形。绘制椭圆的工具包括椭圆形工具和3点椭圆形工具，这两种工具的使用方法和矩形工具基本一样。

1. 椭圆形工具

椭圆形工具和矩形工具一样，是以斜角拖曳的方法绘制椭圆形。选择工具箱中的椭圆形工具，将光标移到绘图页面中，按住鼠标左键以对角的方向进行拖曳并预览圆弧大小，确定绘制后释放鼠标即可完成，效果如下左图所示。在绘制椭圆形时，若按住Ctrl键，可绘制一个正圆形，如下右图所示。

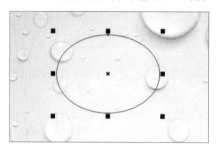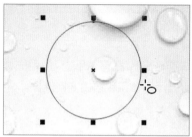

选择工具箱中的椭圆形工具后，其属性栏如下图所示。

椭圆形工具属性栏中各参数的含义介绍如下。

- **椭圆形** ○：单击该按钮，在绘图页面可以绘制椭圆形。
- **饼图** ◔：单击该按钮，可以绘制饼图或是将已有的椭圆形变为饼图，如下左图所示。
- **弧** ◠：单击该按钮，可以绘制弧形或是将已有的椭圆形变为弧形，如下右图所示。

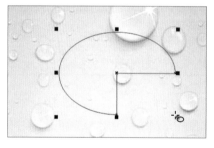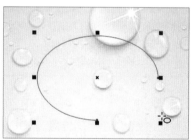

- **起始和结束角度**：在绘制饼图和弧形时，设置断开位置的起始角度和终止角度，范围在0~360之间。创建饼图时，设置起始角度和终止角度值为30和270，效果如下左图所示。
- **更改方向** ◷：在顺时针和逆时针之间切换弧形或饼图的方向，选中下左图的饼图，单击该按钮，效果如下右图所示。

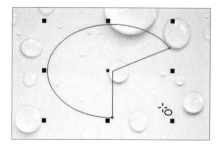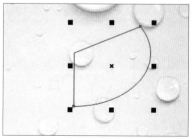

● **转换为曲线** ⓒ：激活该按钮后，可以使用形状工具修改对象。绘制椭圆形状，如下左图所示。单击"转换为曲线"按钮，使用形状工具在椭圆形上添加节点并拖曳，效果如下右图所示。

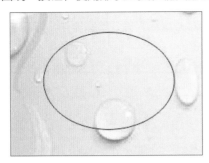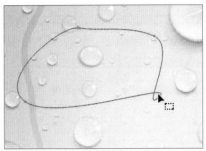

2. 3点椭圆形工具

3点椭圆形工具和3点矩形工具绘图原理相同，都是通过3个点来确定图形，3点椭圆形工具是通过高度和直径长度来确定一个椭圆形。

在工具箱中选择3点椭圆形工具，将光标移至绘图页面中，确定第1个点，按住鼠标左键并拖曳，至第2点时释放鼠标，确定椭圆的宽度，如下左图所示。移动光标并预览椭圆的形状，满意后单击鼠标左键即可，如下右图所示。

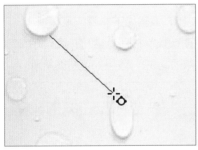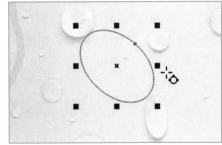

2.2.3　多边形工具

多边形工具可以绘制3条或3条以上边的多边形，用户可以自定义边数。选择工具箱中的多边形工具，在绘图页面中按住鼠标左键进行拖曳，预览绘制效果后释放鼠标，确认绘图操作，如下左图所示。选中多边形，在属性栏中的"点数或边数"数值框中输入6，如下右图所示。

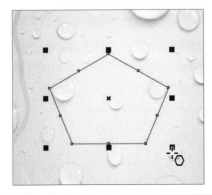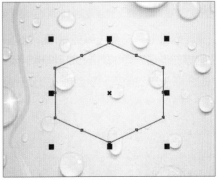

提示：多边形边数的设置

在"点数或边数"数值框中设置所需绘制多边形的边数，取值范围为3~500，边数越多，图形越接近圆形。

2.2.4 星形工具

使用星形工具可以绘制规则的或不同边数和锐度的星形。选择工具箱中的星形工具，在绘图页面中按住鼠标左键以对角的方向进行拖曳，预览绘制效果后释放鼠标，确认绘图操作，如下左图所示。若按住Ctrl键的同时进行拖曳，可绘制正的星形，如下右图所示。

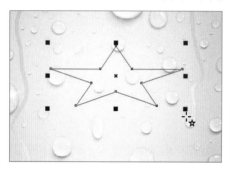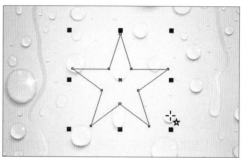

选择工具箱中的星形工具，其属性栏如下图所示。

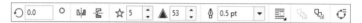

星形工具属性栏中各参数的含义如下。

- **点数或边数**：设置星形的点数，在该数值框中输入10，效果如下左图所示。
- **锐度**：调整角的锐度，在数值框中输入数值，数值范围为1~99。数值越小，角越钝；数值越大，角越锐。输入数值为1，效果如下中图所示；输入数值为99，效果如下右图所示。

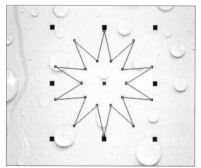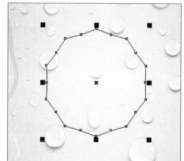

2.2.5 复杂星形工具

复杂星形工具可以绘制有交叉边缘的星形，绘图方法和星形一样。选择工具箱中的复杂星形工具，在绘图页面中按住鼠标左键以对角的方向进行拖曳，预览绘制效果后释放鼠标，确认绘图操作，如下左图所示。若按住Ctrl键的同时进行拖曳，可绘制正的复杂星形，如下右图所示。

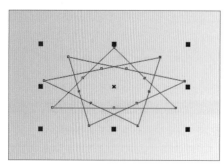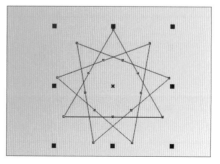

选择工具箱中的复杂星形工具，其属性栏如下图所示。

杂星形工具属性栏中各参数含义介绍如下。

- **点数或边数**：数值范围为5~500，数值越大，星形的边越平滑。当"点数或边数"值设为5时，效果如下左图所示。当"点数或边数"值为500时，星形变成圆形，效果如下右图所示。

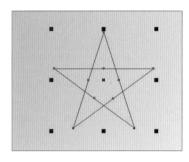 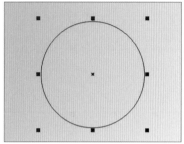

- **锐度**：调整星形和复杂星形的角锐度，范围为1~3。当设置"点数或边数"值为10时，分别设置"锐度"值为1、2、3时，得到星形的效果如下左、中、右图所示。

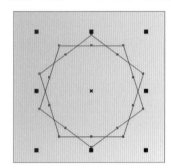 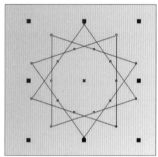 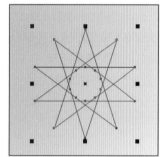

2.2.6　图纸工具

使用图纸工具可以绘制出不同行和列数的网格对象。选择工具箱中的图纸工具，在其属性栏中设置图纸的行数和列数，在绘图页面按住鼠标左键以对角进行拖曳，释放鼠标即可绘制图纸，如下左图所示。若按住Ctrl键的同时进行拖曳，可绘制出正方形的图纸，如下右图所示。

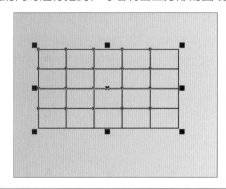 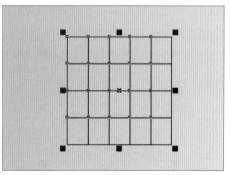

提示：设置图纸行数和列数的方法

方法1：选择工具箱中的图纸工具，在属性栏中的"列数和行数"数值框中设置。

方法2：双击工具箱中的图纸工具，打开"选项"对话框，在"图纸工具"选项区域设置行数和列数，然后单击"确定"按钮即可。

2.2.7 螺纹工具

使用螺纹工具可以绘制螺纹图形，选择工具箱中的螺纹工具，在属性栏中设置螺纹回圈数量，在绘图页面中按住鼠标左键进行拖曳执行绘图操作，然后释放鼠标即可，如下左图所示。如果按住Ctrl键的同时进行拖曳，则绘制一个正圆形的螺纹，如下右图所示。

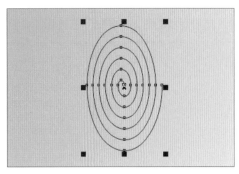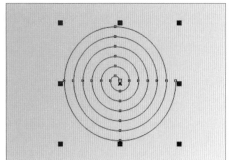

选择工具箱中的螺纹工具，其属性栏如下图所示。

螺纹工具属性栏中各参数的含义介绍如下。

- **螺纹回圈：** 设置新螺纹对象显示完整的圆形回圈，取值范围为1~100。设置"螺纹回圈"值为1和10时，效果如下图所示。

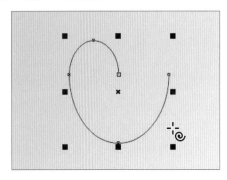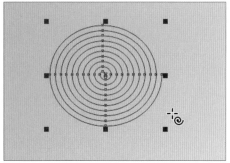

- **对称式螺纹** ◎：单击该按钮后，螺纹的回圈间距是均匀的，如下左图所示。
- **对数螺纹** ◎：单击该按钮，将对新的螺纹对象应用紧密的螺纹间距，如下右图所示。

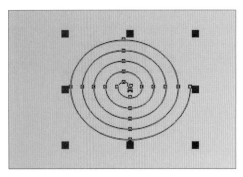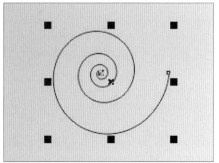

- **螺纹扩展参数：** 在数值框中设置对数螺纹向外扩展的速率，最小值为1，表示均匀显示；最大值为100，表示间距内圈最小外圈最大。当数值为100时，效果如下左图所示。

● **闭合曲线** ☑️：单击该按钮，结合或分离曲线的末端节点，如下右图所示。

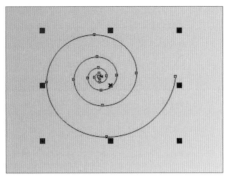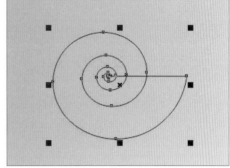

2.2.8　基本形状工具

基本形状工具可以绘制一些基本的常见形状，如平行四边形、梯形、三角形、圆柱形以及心形等。选择工具箱中的基本形状工具，在属性栏中单击"完美形状"下拉按钮，在打开的面板中选择所需的形状，如下左图所示。在绘图页面按住鼠标左键以对角拖曳，预览绘制效果后释放鼠标，确认绘图操作，如下中图所示。在绘制的图形右上角有红色的控制点，将光标移至该控制点上，待变为三角箭头标志时，按住鼠标左键向形状内部拖曳，即可调整形状的样式，如下右图所示。

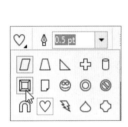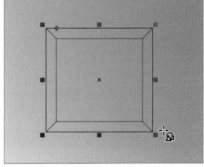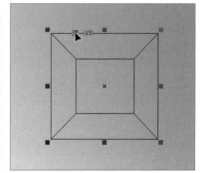

2.2.9　箭头形状工具

使用箭头形状工具可以利用预设的箭头类型绘制路标和不同的方向导引图形，如向左/右箭头、向上/下箭头、左右双箭头、上下双箭头等。

选择工具箱中的箭头形状工具，在属性栏中单击"完美形状"下拉按钮，在打开的面板中选择相应的形状选项，此处选择向右箭头选项，如下左图所示。在绘图页面按住鼠标左键以对角拖曳，预览绘制效果后释放鼠标，确认绘图操作。在绘图的同时按住Ctrl键，可绘制正的箭头形状，如下右图所示。

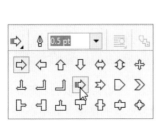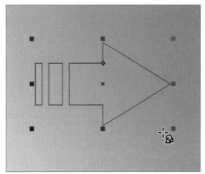

在绘制图形的右上角会出现红色的控制点，将光标移至该控制点上，待变为三角箭头标志时按住鼠标左键向形状外部拖曳，即可调整形状的样式，如下左图所示。也可向形状内部拖曳，效果如下右图所示。

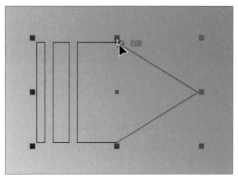 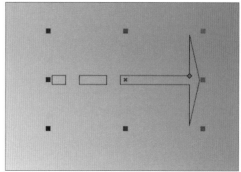

2.2.10　流程图形状工具

使用流程图形状工具可以快速绘制预设的流程图形状。选择工具箱中的流程图形状工具，单击属性栏中"完美形状"下拉按钮，在打开的面板中选择所需的形状选项，如下左图所示。在绘图页面按住鼠标左键以对角拖曳，预览绘制效果后释放鼠标，完成图形绘制，如下右图所示。

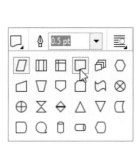 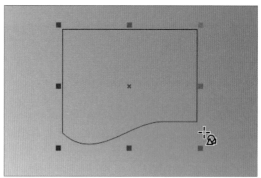

2.2.11　标题形状工具

使用标题形状工具可以快速绘制标题栏和旗帜标语的效果。选择工具箱中的标题形状工具，单击属性栏中"完美形状"下拉按钮，在打开的面板中选择所需的形状选项，如下左图所示。在绘图页面按住鼠标左键以对角拖曳，预览绘制效果后释放鼠标，完成图形绘制操作，如下右图所示。

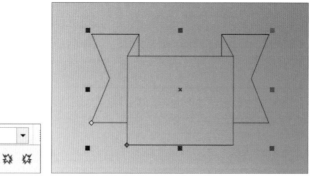

图形绘制后，会出现红色控制点和黄色控制点，拖曳红色控制点可以左右移动，调整中间矩形的宽度，如下左图所示。拖曳黄色控制点可以上下移动，可以调整形状的高度，如下右图所示。

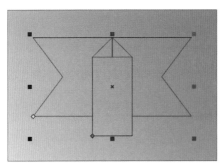 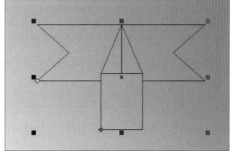

2.2.12 标注形状工具

使用标注形状工具可以快速绘制补充说明文本框或对话框。选择工具箱中的标柱形状工具，单击属性栏中"完美形状"下拉按钮，在下拉面板中选择需要的标注形状选项，如下左图所示。在绘图页面按住鼠标左键以对角拖曳，预览绘制效果后释放鼠标，完成图形绘制操作，如下右图所示。

 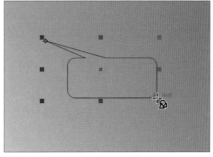

在绘制标注形状时，若按住Ctrl键不放在绘图页面中可以绘制正的形状，如下左图所示。绘制标注形状后，可以调整红色标注角改变形状，如下右图所示。

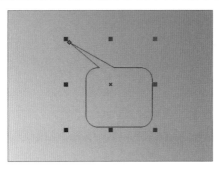 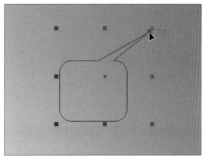

选择不同的标注形状，其控制点也不同，单击"完美形状"下拉按钮，在下拉面板中选择不同的形状选项，在绘图页面绘制图形，其控制点如下图所示。

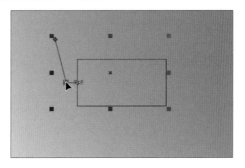

知识延伸：多边形的修饰

多边形和复杂星形都或多或少存在内在的关系，绘制完多边后，用户可以通过设置其边数，然后使用形状工具进行调整，可以得到复杂的星形。

选择工具箱中的多边形工具，保持默认的5条边，在绘图页面中绘制一个正5边形，使用形状工具选中在边中间的节点，按住Ctrl键同时，按住鼠标左键向内拖曳，如下左图所示，预览调整后的五角星形状效果，释放鼠标，即可将正5边形调整为五角星的形状，如下右图所示。

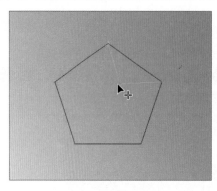

选中5边形形状，在"点数或边数"数值框中输入10，调整五角星的形状，可以调整为10个角形状，如下左图所示。使用形状工具，选中最外侧的节点，按住鼠标左键逆时针或顺时针拖曳，效果如下中、右图所示。

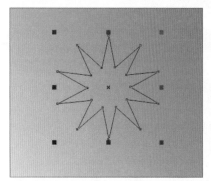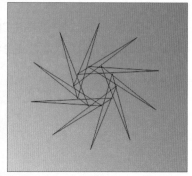

选择工具箱中的多边形工具，设置边数为10，按住Ctrl键的同时在绘图页面中绘制一个正10边形，如下左图所示。使用形状工具选中角的节点，按住鼠标左键拖曳至对角的节点上，释放鼠标，效果如下中图所示。将边上的节点拖曳至对角的节点上，释放鼠标，效果如下右图所示。

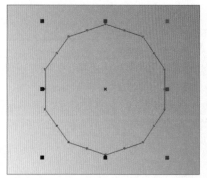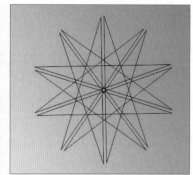

上机实训：美食卡通图标设计

下面以自由线条和简洁的艺术字体为元素，介绍如何制作一款美食卡通图标的设计方法。通过本案例的学习，让读者能够设计出简洁大气又卡通可爱的美食图标，具体操作过程如下。

步骤01 首先执行"文件>新建"命令，在弹出的"创建新文档"对话框中，对新文档的参数进行设置后，单击"确定"按钮，如下左图所示。

步骤02 单击属性栏中"横向"按钮，调整工作区的方向后，选择工具箱中的贝塞尔工具，在空白区绘制一个可爱的卡通熊头形状，如下右图所示。

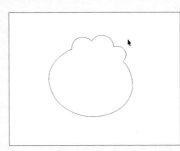

步骤03 继续使用贝塞尔工具画上眼睛部分，使用组合键Ctrl+C和Ctrl+V执行复制粘贴操作，使两只眼睛对称，如下左图所示。

步骤04 继续使用贝塞尔工具，画出卡通熊的嘴巴和舌头形状，然后使用椭圆形工具画出小熊脸部的腮红形状，如下右图所示。

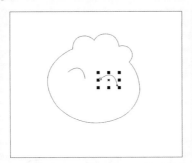
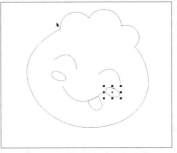

步骤05 使用椭圆形工具在卡通熊左上方画三个椭圆形状，并调整椭圆的形状和大小，增加可爱、调皮的形象，如下图所示。

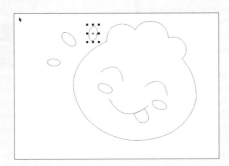

步骤 06 按住键盘上Shift键的同时选中三个椭圆和熊头形状，设置轮廓笔宽度值为2.5mm，如下左图所示。同样的方法选中眼睛、嘴巴和舌头形状，设置轮廓笔宽度值为2mm。

步骤 07 按住键盘上Shift键的同时选中三个椭圆和熊头形状，打开"编辑填充"对话框，单击"均匀填充"按钮，输入CMYK的值为C：5、M:0、Y：53、K：0，如下右图所示。

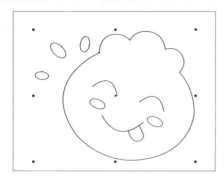 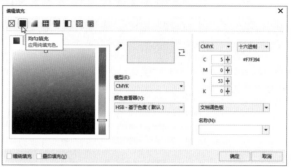

步骤 08 选中舌头形状，在工作区右侧的调色板中单击洋红色块，效果如下左图所示。

步骤 09 按住Shift键的同时选中两个腮红形状，在工作区右侧的调色板中单击粉色色块，效果如下右图所示。

步骤 10 按住键盘上Shift键的同时选中腮红形状，设置形状轮廓为无轮廓，如下左图所示。

步骤 11 选择工具箱中的文字工具后，输入"美食"、"小吃"文本，设置文本字体为"华康海报体"，文本大小为200pt，如下右图所示。

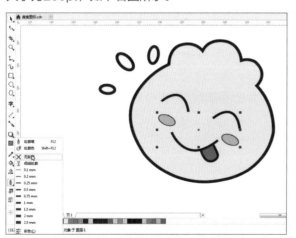 

步骤 12 按住键盘上Shift键的同时选中"美食"、"小吃"文本，在"编辑填充"对话框中单击"均匀填充"按钮，设置CMYK的值为C：2、M：15、Y：94、K：0，如下左图所示。

步骤 13 选中文字 "美食" 和 "小吃", 选择轮廓笔工具, 设置轮廓宽度为4.0mm, 设置轮廓笔的轮廓颜色的CMYK值为C: 67、M: 97、Y: 100、K: 65, 效果如下右图所示。

步骤 14 使用文字工具, 在工作区中指定位置输入delicious文本, 设置文本字体为TypoUpright BT, 文本大小为135pt, 如下左图所示。

步骤 15 选中delicious文本, 设置文本填充颜色为红色, 设置文本轮廓宽度为1mm, 设置文本轮廓颜色的CMYK值为C: 0、M: 18、Y: 95、K: 0, 如下右图所示。

步骤 16 按住键盘上Shift键的同时选中所有的文字并鼠标单击右键, 在弹出的快捷菜单中选择 "转换为曲线" 命令, 如下左图所示。

步骤 17 此时若将文件转发给他人, 字体不会发生变化, 这样整个图标的制作全部完成, 最终效果如下右图所示。

课后练习

1. 选择题

（1）使用手绘工具在绘图页面中绘制曲线时，按住（　　）键可以绘制水平或垂直的线条。

    A. Ctrl　　　　　　　　　　　　　　B. Shift

    C. F4　　　　　　　　　　　　　　　D. Ctrl+Shift

（2）使用（　　）可以在选定的曲线上添加节点并拖曳节点。

    A. 选择工具　　　　　　　　　　　　B. 钢笔工具

    C. 形状工具　　　　　　　　　　　　D. 3点曲线工具

（3）使用矩形工具在绘图页面中绘制长方形，设置矩形为扇形角，如果需要同时设置各角的半径，首先确定（　　）按钮为激活状态。

    A. 同时编辑所有角　　　　　　　　　B. 相对缩放

    C. 圆角　　　　　　　　　　　　　　D. 转换为曲线

（4）使用形状工具创建的形状都有轮廓，将轮廓移除的方法是（　　）。

    A. 选择形状，在属性栏中设置"轮廓宽度"为"无"

    B. 选择形状，按Delete键

    C. 选中形状，按Backspace键

    D. 以上方法都可以

2. 填空题

（1）使用3点椭圆工具绘制椭圆时，按住＿＿＿＿键，拖曳鼠标确定直径，然后移动光标即可绘制正圆形状。

（2）选择工具箱中艺术笔工具，在属性栏中包括＿＿＿＿、＿＿＿＿、＿＿＿＿、＿＿＿＿和＿＿＿＿几种模式。

（3）使用＿＿＿＿工具，可以自动测量线段的起始点至终点的距离。

3. 上机题

    本章主要介绍CorelDRAW线条和几何图形绘制的工具，下面通过制作一款矢量礼物图形的图标，复习矩形工具和基本形状工具的使用，在制作过程中可参考下图。

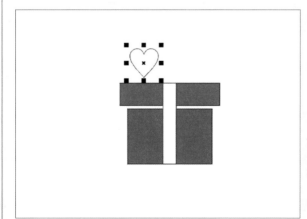

Chapter 03 图形编辑

本章概述

本章以图形对象为载体，介绍图形的基本操作、图形修饰工具应用、图形的填充操作，以及相关扩展知识等内容。通过本章学习，读者可熟悉并掌握对图形的各种编辑操作，从而设计出更完美的作品。

核心知识点

1. 了解图形对象的基本操作
2. 掌握图形对象的修饰工具
3. 掌握图形对象的填充工具
4. 熟悉图形轮廓线的填充操作

3.1 图形对象操作

在平面作品设计制作过程中，会用到大量图形对象，因此熟练掌握图形对象的编辑操作显得很重要。本节主要介绍图形对象的选择、复制、变换、控制和分布等操作。

3.1.1 选择对象

在对文本或图形对象进行编辑操作前，须先选中对象，例如选中单个对象、选中多个对象等，本节将介绍选择对象的常用方法。

1. 选择单个对象

选择工具箱中的选择工具，将光标移至需要选择的对象上，单击鼠标左键即可选中该对象，选中的对象四周将出现8个黑色的控制点。

2. 选择多个对象

选择多个对象的方法有很多种，下面介绍两种常用的方法。第一种方法：使用工具箱中的选择工具，在空白处单击鼠标左键并拖动，将出现虚线的矩形，如下左图所示。拖曳至合适位置释放鼠标，虚线范围内的对象都被选中，如下右图所示。

第二种方法：用户要想选择多个不连续的对象，则使用选择工具，按住Shift键的同时依次选择五角星和心形对象即可，如下图所示。

3.1.2 复制对象

用户可以选中对象并执行复制操作，复制出一个完全一样的对象，也可以根据需要只复制对象的属性，本节将详细介绍这两种复制操作。复制对象的方法很多，此处只介绍几种常用的方法。

1. 复制对象本身

一般意义上所说的复制，就是复制对象本身，下面介绍几种常用的复制方法。

● 使用工具箱中的选择工具选中需要复制的对象，如下左图所示。执行"编辑>复制"命令，然后执行"编辑>粘贴"命令，在原始对象上覆盖复制，使用选择工具选中并拖曳复制出的对象至合适位置，如下右图所示。

● 使用选择工具选中对象，然后单击鼠标右键，在快捷菜单中选择"复制"命令，在空白地方再次单击鼠标右键，在快捷菜单中选择"粘贴"命令即可。

● 选择需要复制的对象，按Ctrl+C组合键复制选中的对象，然后再按Ctrl+V组合键执行粘贴操作，即可在原位置复制出一个相同的对象。

2. 复制对象属性

复制对象的属性主要包括复制对象的轮廓属性、填充颜色以及文本属性等。首先，使用选择工具选中需要赋予属性的对象，如下左图所示。接着执行"编辑>复制属性自"命令，打开"复制属性"对话框，勾选需要复制属性的复选框，单击"确定"按钮，如下中图所示。当光标变为向右的黑色箭头时，移动至需要复制属性的对象上单击鼠标左键，即可完成属性复制操作，如下右图所示。

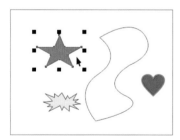  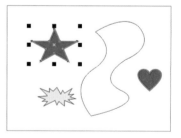

"复制属性"对话框中各复选框的含义介绍如下。

● **轮廓笔**：复制轮廓线的宽度和样式。

● **轮廓色**：复制轮廓线的颜色属性。

● **填充**：复制对象填充的颜色和样式。

● **文本属性**：复制文本对象的字符属性。

提示：右键快捷菜单法复制对象属性

选中需要复制属性的对象，按住鼠标右键拖曳至空白对象上释放鼠标，在弹出的快捷菜单中选择"复制所有属性"命令，即可将选中对象的属性复制到空白对象上。

3.1.3　变换对象

　　使用变换操作可以让图形对象表现地更灵活生动，从而能展现出特殊的效果。图形的变换操作包括旋转对象、镜像对象、缩放对象以及倾斜处理等。

1. 旋转对象

　　旋转对象是以对象的中心点逆时针或顺时针执行旋转操作。选中对象并双击，在对象四周将出现旋转的箭头，如下左图所示。将光标移至四角控制点上，按住鼠标左键进行拖曳，如下中图所示。对象旋转的中心点如下右图所示。

> **提示：在"变换"泊坞窗中设置旋转操作**
>
> 选中对象，执行"对象>变换>旋转"命令，打开"变换"泊坞窗，设置旋转的角度或指定中心点位置，单击"应用"按钮，即可完成旋转操作。

2. 缩放对象

　　对对象执行缩放操作，可以调整图形对象的大小，使对象更符合场景。使用选择工具选中对象，对象将四周出现控制点，如下左图所示。将光标移至右上角控制点上，按住鼠标左键拖曳至合适位置后释放鼠标，图形对象按等比例缩放，如下中图所示。若拖曳四边上的控制点，设置图形对象的倾斜效果，如下右图所示。

> **提示：精确设置对象的大小**
>
> 用户可以在"变换"泊坞窗中精确设置对象大小，选中对象，执行"对象>变换>大小"命令，打开"变换"泊坞窗，在X和Y数值框中输入所需的数值，来精确设置对象的大小，还可以设置对象缩放的中心点，最后单击"应用"按钮，完成精确设置对象大小的操作。

3. 镜像对象

　　镜像对象既是将图形对象在水平或垂直方向上进行对称性操作，下面详细介绍镜像对象操作的方法。

　　使用选择工具选中对象，如下左图所示。在属性栏中单击"水平镜像"或"垂直镜像"按钮，此处单击"水平镜像"按钮，效果如下中图所示。用户也可以在"变换"泊坞窗中执行镜像操作，即选中对象后，打开"变换"泊坞窗，单击"垂直镜像"按钮后，单击"应用"按钮，效果如下右图所示。

实例 制作雪花图形

通过以上对图形对象操作知识的学习，读者可以通过制作雪花花瓣实例的学习，进一步巩固镜像对象、旋转对象等操作的方法。

步骤 01 创建新文档，使用铅笔工具绘制部分雪花花瓣，如下左图所示。

步骤 02 选中绘制的雪花花瓣图形，按Ctrl+C和Ctrl+V组合键，复制图形，如下右图所示。

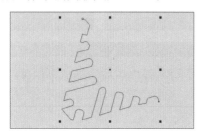 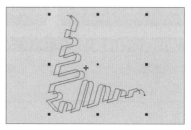

步骤 03 选中复制的图形并双击，拖曳右上角的控制点，旋转至合适角度，如下左图所示。

步骤 04 使用选择工具选中旋转的图形，按住鼠标左键向下拖曳，与原图形复合，如下右图所示。

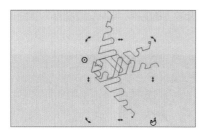 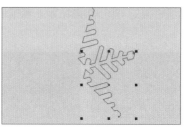

步骤 05 按照相同的方法，再次制作部分花瓣，旋转后移至下方与原图形接合。按Shift键同时选中所有图形，按Ctrl+G组合键，组合图形，如下图所示。

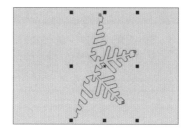

步骤 06 将图形调整为垂直状态，选中图形并执行复制操作。然后单击属性栏中"水平镜像"按钮，如下左图所示。

步骤 07 调整图形至合适位置，选中所有图形，单击属性栏中的"组合对象"按钮，设置雪花边框宽度，至此完成雪花图形的制作，如下右图所示。

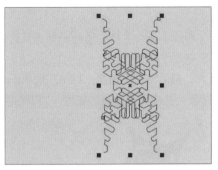 

3.1.4 控制对象

在图形编辑过程中，用户可以根据需要对图形对象进行各种控制操作，如锁定与解锁、组合与取消组合、合并与拆分以及排列等，下面将详细介绍对象的控制操作。

1. 组合与取消组合对象

使用CorelDRAW设计的作品一般都是由多个对象组成的，用户可以对这些对象进行组合然后统一操作。首先按住Shift键选中需要组合的对象，如下左图所示。单击鼠标右键，在快捷菜单中选择"组合对象"命令，或按Ctrl+G组合键，即可将选中的对象组合为一个整体，如下中图所示。

若需要取消组合，则选中组合的对象，单击鼠标右键，在快捷菜单中选择"取消组合对象"命令即可，如下右图所示。此外，用户还可以单击属性栏中的"取消组合对象"按钮，或者执行"对象>组合>取消组合对象"命令来取消对象的组合。

2. 锁定与解锁对象

在制作作品过程中，为了避免对设计好的部分误操作，用户可以将其锁定，锁定的对象是无法进行任何操作的。首先按住Shift键选中需要锁定的对象，单击鼠标右键，在快捷菜单中选择"组合对象"命令，如下左图所示。锁定对象后，对象的控制点变为锁的形状，如下右图所示。除此方法之外，用户还可以执行"对象>锁定>锁定对象"命令来锁定对象。

若需要对锁定的对象进行编辑，必须先解锁，即选中锁定的对象，单击鼠标右键，在快捷菜单中选择"解锁对象"命令，或者执行"对象>锁定>解锁对象"命令。

3. 合并与拆分对象

合并对象和组合对象是完全不同的，组合对象是将多个对象编成一个组，各对象是独立的，而合并对象是将多个对象合并为一个新对象，合并后的属性和最后选中的对象相同。

按住Shift键选中需要合并的对象，选择的顺序由小至大，最后选择五角星，如下左图所示。单击属性栏中的"合并"按钮 ，即可将选中对象合并生成全新的对象，并应用五角星的属性，如下右图所示。

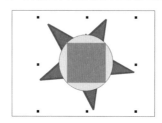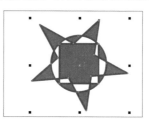

使用不同的方法拆分对象其效果也不同，选中合并的对象，单击鼠标右键，在快捷菜单中选择"撤销合并"命令，拆分对象后各对象恢复之前的属性，如下左图所示。若单击属性栏中"拆分"按钮，拆分后的对象属性和合并后的属性一致，如下右图所示。

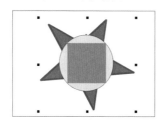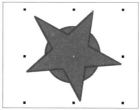

4. 排序对象

在编辑由多个图形叠加组成的对象时，若图形的排序不同，其效果也不同。下面介绍如何调整对象不同的排序方式，来产生不同的效果。

在下左图中包含矩形、裙子和小猪佩奇等多个图形排放在一起的效果。选中小猪佩奇图形并单击鼠标右键，在弹出的快捷菜单中选择"顺序>向后一层"命令，如下中图所示。即将小猪佩奇图形向后移一层，展现佩奇穿裙子的效果，如下右图所示。除此方法外，选中对象，执行"对象>顺序"命令，在子菜单中选择相应的命令也可调整对象的顺序。

下面对"顺序"子菜单中各选项的含义进行介绍，具体如下。

- **到页面前面/背面**：将选中的对象调整至当前页面的最前面或最后面。
- **到图层前面/后面**：将选中的对象调整至当前页所有对象的最前面或最后面。
- **向前一层/向后一层**：将选中对象调整至当前图层的上面或下面。
- **置于此对象前/后**：选择该命令，光标变为向右的黑色箭头，选中目标对象，可将选中的对象移至目标对象前面或后面。
- **逆序**：选中对象，执行该命令后，按选中对象的相反顺序排序。

实例 绘制抽象葡萄图形 ─────────────────────

下面以各种图形工具为主导，介绍制作抽象葡萄图形的方法。通过本案例的学习，使用户可以熟练运用对象的排序以及组合功能，具体操作步骤如下。

步骤 01 执行"文件>新建"命令，在弹出的"创建新文档"对话框中对创建文档的参数进行设置后，单击"确定"按钮，如下左图所示。

步骤 02 使用贝塞尔工具绘制葡萄的茎和叶图形，如下右图所示。

 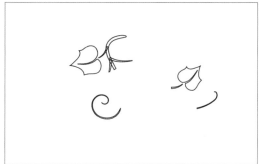

步骤 03 设置葡萄茎图形的填充颜色为宝石红，葡萄叶图形的填充颜色为绿色，如下左图所示。

步骤 04 选中葡萄的茎和叶图形，设置形状轮廓为"无轮廓"，如下右图所示。

步骤 05 使用椭圆形工具绘制出一个圆形，填充颜色为紫色，设置形状轮廓宽度为1.5mm，如下图所示。

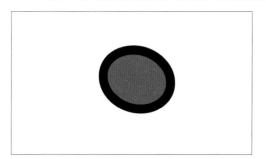

> **提示：快捷调整对象的顺序**
>
> 选中对象，按Ctrl+Home组合键，可将对象置于页面的顶层；按Ctrl+End组合键，可将对象置于页面底层；按Ctrl+PageDown组合键，可将对象上移一层；按Ctrl+PageUp组合键，可将对象上移一层。

步骤 06 选中绘制的圆形并设置轮廓颜色为白色，进行多个复制粘贴操作后，调整合适的形状大小。使用选择工具进行角度旋转，按Ctrl+G组合键执行群组操作，如下左图所示。

步骤 07 选中一个葡萄图形，单击鼠标右键，在快捷菜单中选择"顺序>向前一层"或者"向后一层"命令，调整各个葡萄的前后顺序，使葡萄看起来更生动形象，如下右图所示。

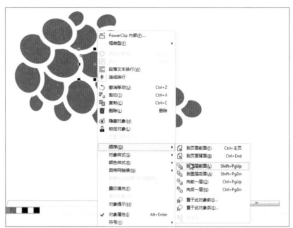

步骤 08 将绘制好的葡萄放在茎和叶图形上面并调整好位置，按Ctrl+G组合键执行群组操作，如下左图所示。

步骤 09 使用文本工具，在绘图页面中输入所需的文字，如下右图所示。

步骤 10 设置文字的大小并填充颜色为红色，将文本更改为垂直方向，至此全部绘制完成，效果如下图所示。

3.2 图形修饰工具应用

图形制作完成后，有时需要对图形进行进一步修饰，使其更完美，或达到某些特殊效果。本节将介绍主要的图形修饰工具的应用，包括形状工具、涂抹工具、裁剪工具等。

3.2.1 形状工具

使用形状工具对曲线对象进行编辑时，可以全方位地对节点进行操作。只有将图形转换为曲线后，才能激活形状工具属性栏中的按钮，形状工具属性栏如下图所示。

形状工具属性栏中各参数含义介绍如下。

- **选择模式 矩形**：单击该下三角按钮，在列表中选择选取节点的模式，包括矩形和手绘两种。
- **添加节点**：单击该按钮，在选中节点左侧中间位置添加节点。
- **删除节点**：单击该按钮，删除选中的节点。
- **连接两个节点**：连接开放路径的起点和终点，从而创建闭合的路径。
- **断开曲线**：单击该按钮，断开闭合或开放对象的路径。
- **转换为线条**：单击该按钮，将曲线转换为直线。
- **转换为曲线**：将直线转换为曲线，可通过控制柄调整曲线的形状。
- **尖突节点**：通过将节点转换为尖突，在曲线上创建一个锐角。
- **平滑节点**：将节点转换为平滑节点，从而提高曲线的平滑度。
- **对称节点**：将同一曲线形状应用至节点两侧。
- **反转方向**：将开始节点和结束节点反转。
- **提取子路径**：在对象中提取其子路径，创建两个独立的对象。
- **延长曲线使之闭合**：使用直线连接起始点和结束点，使之闭合。
- **闭合曲线**：结合或分离曲线的末端节点。
- **延展与缩放节点**：延展与缩小选中节点对应的线段。
- **旋转与倾斜节点**：旋转与倾斜选中节点对应的线段。
- **对齐节点**：水平、垂直或以控制柄来对齐节点。
- **水平反射节点**：编辑对象中水平镜像的相应节点。
- **垂直反射节点**：编辑对象中垂直镜像的相应节点。
- **弹性模式**：为曲线创建另一种具有弹性的形状。
- **选择所有节点**：单击该按钮，选中曲线中所有节点。
- **减少节点**：通过删除曲线中的节点，改变曲线的平滑度。
- **曲线平滑度**：通过更改节点数量，调整曲线的平滑度。
- **边框**：使用曲线工具时，显示/隐藏边框。

3.2.2 平滑工具

使用平滑工具在对象的轮廓处拖动，可以使对象变得更平滑。在工具箱中选择平滑工具，并在其属性栏中设置笔尖半径值为40，速度值为100，将光标移至对象的轮廓上，如下左图所示。在轮廓处按住鼠标左键来回拖动，可见树叶轮廓变平滑了，如下右图所示。

3.2.3　涂抹工具

涂抹工具通过在矢量对象的边缘处进行拖曳，可以使对象出现变形效果。在工具箱中选择涂抹工具，选中矢量对象，激活涂抹工具属性栏，如下图所示。

涂抹工具属性栏中各参数含义介绍如下。

- **笔尖半径** ⊖ 100.0 " ⬍：在数值框中设置笔尖半径的大小。
- **压力** ⊖ 100.0 " ⬍：在数值框中设置效果的强度。
- **平滑涂抹** ❯：单击该按钮，使对象的轮廓更平滑，如下左图所示。
- **尖状涂抹** ❯：单击该按钮，使用带有尖角的曲线，如下右图所示。
- **笔压** ▲：绘图时，运用数字笔或写字板的压力控制效果。

3.2.4　转动工具

转动工具可以在矢量对象上添加顺时针或逆时针的旋转效果。在工具箱中选择涂抹工具，选中矢量对象，激活转动工具属性栏，如下图所示。

转动工具属性栏中各参数的含义介绍如下。

- **速度** ⏱ 90 ⬍：设置应用转动效果的速度。
- **逆时针转动** ↺：单击该按钮，按逆时针转动对象。
- **顺时针转动** ↻：单击该按钮，按顺时针转动对象。

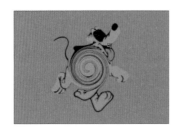 

3.2.5 吸引/排斥工具

吸引工具通过吸引并移动对象节点的位置而改变对象的形态。排斥工具的效果与吸引工具相反，它是通过排斥对象节点的位置改变对象的形态。两种工具的属性栏是一样的，都包括笔尖半径、速度和笔压3个选项。下左图为原始图形，选择工具箱中的吸引工具，设置吸引工具的属性，将光标移至对象上，按住鼠标左键，按的时间越长吸引效果越明显，如下中图所示。选择排斥工具，设置其属性参数，对对象进行排斥操作，如下右图所示。

3.2.6 沾染工具

使用沾染工具可以在矢量图形上添加或删减区域。选中工具箱中的沾染工具，其属性栏如下图所示。

沾染工具属性栏中各参数的含义介绍如下。

- **干燥** ：在数值框中设置涂抹宽度值的衰减程度。数值为正，且越大时笔刷绘制的路径越尖锐，持续越短，设置为4时，如下左图所示。数值为负，且越小时绘制的路径越圆润，设置为-4时，如下中图所示。设置为0时，效果如下右图所示。
- **使用笔倾斜**：使用笔写字析时，更改工具角度，以改变涂抹效果的形状。
- **笔倾斜** ：在数值框中为涂抹工具设置所需的角度值，更改涂抹效果的形状。
- **使用笔方位**：使用笔和写字板时，启用笔方位设置。
- **笔方位** ：在数值框中设置合适的笔方位值，更改涂抹工具的方位。

 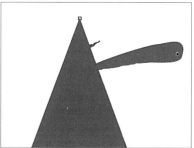 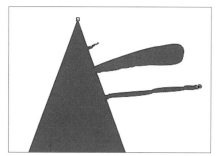

使用沾染工具时，如果笔刷中心点是从图形内部向外拖曳，则添加图形区域，如下左图所示。如果笔刷中心点是从图形外部向内拖曳，则删减图形区域，如下右图所示。

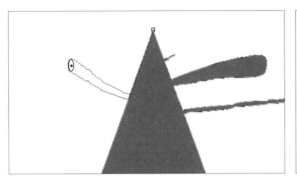 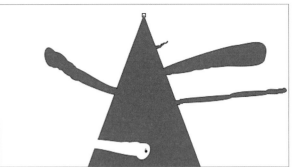

3.2.7 粗糙工具

粗糙工具可以使平滑的矢量线条变得粗糙。选择工具箱中的粗糙工具，其属性栏如下图所示。

粗糙工具属性栏中各参数的含义介绍如下。

● **尖突的频率** ～⁵⁺：通过在数值框中设置合适的值，更改粗糙区域的尖突频率。尖突的频率值范围为
  1~10，当设置尖突频率为1时，效果如下左图所示。当尖突频率设置为10时，效果如下右图所示。
● **干燥** ⁰⁺：设置合适的干燥值，更改粗糙区域的尖突数量。
● **笔倾斜** C⁴⁵˙⁺：在数值框中设置合适的值，通过为涂抹工具指定固定角度，更改涂抹效果的形状。
  笔倾斜数值范围0~90度。
● **尖突方向**：更改粗化尖突的方向。
● **笔方位**：将尖突方向设为"自动"后，为方位设定固定值。

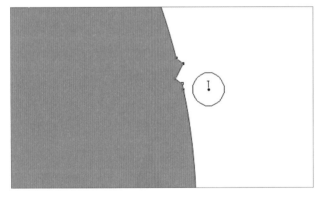 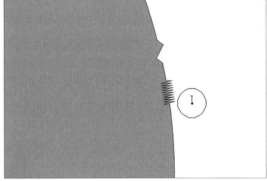

3.2.8 裁剪工具

使用裁剪工具可以将对象或导入图像中不需要的部分裁剪掉，即先绘制一个裁剪的范围，然后将范围之外的部分清除。

选择工具箱中的裁剪工具，在绘图页面中按住鼠标左键并拖动，绘制一个裁剪框，如下左图所示。调整裁剪框控制点，然后按Enter键即可裁剪出范围内的图像，如下中图所示。

绘制裁剪框后，用户还可以调整其旋转角度，在属性栏中"旋转角度"数值框中输入角度，或者再次单击裁剪框，控制点将变为双向箭头，拖动旋转控制点至合适角度释放鼠标并按Enter键，如下右图所示。

3.2.9 刻刀工具

使用刻刀工具可以将对象边缘沿直线或曲线拆分为两个独立的对象。选择工具箱中的刻刀工具，其属性栏如下图所示。

刻刀工具属性栏中各参数的含义介绍如下。

- **2点线模式**：单击该按钮，沿直线切割对象。
- **手绘模式**：单击该按钮，沿手绘曲线切割对象。
- **贝塞尔模式**：沿贝塞尔曲线切割对象。
- **剪切时自动闭合**：闭合分割对象形成的路径。
- **手绘平滑**：创建手绘曲线时调整其平滑度。
- **剪切跨度**：单击该下拉按钮，选择是沿着宽度为0的线拆分对象、在新对象之间创建间隙，或使用新对象重叠。
- **宽度**：设置新对象之间的间隙或重叠。
- **轮廓选项**：单击该下拉按钮，选择在拆分对象时是将轮廓转换为曲线、保留轮廓，或是让应用程序选择能最好地保留轮廓外观的选项。
- **边框**：使用曲线工具时，显示或隐藏边框。

在工具箱中选择刻刀工具后，在属性栏中设置"剪切跨度"为"间隙"、"宽度"值为5，将光标移至需要剪切的起点，如下图所示。

然后拖曳鼠标至剪切的终点并释放鼠标，可见图形被剪切为两部分了，如下左图所示。使用选择工具选中被剪切的部分，按住鼠标左键拖曳，即可将其移动，如下右图所示。

刻刀工具不但可以剪切矢量图形，还可以剪切位图，剪切的方法是一样的，如下左图所示。若在属性栏中单击"手绘模式"按钮，可以绘制曲线进行图形剪切，如下右图所示。

3.2.10　虚拟段删除工具

使用虚拟段删除工具可以删除图形中不需要的线段。选中工具箱中的虚拟段删除工具，光标将变为 ✔ 形状，移至需要删除的线段上时光标变为 ✋，如下左图所示。单击鼠标左键删除选中的线段，可见裙子图形被删除了，或者按住鼠标左键拖曳绘制矩形范围，释放鼠标即可删除选中的图形，如下右图所示。

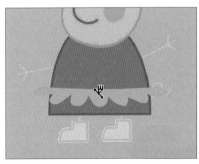 

提示：虚拟段删除工具适应的对象类型

虚拟段删除工具只能应用在矢量图形上，不能对群组、文本、阴影和图像进行操作。

3.2.11　橡皮擦工具

橡皮擦工具可以擦除位图或矢量图中不需要的部分，擦除后区域内将显示下层图层的格式内容。选择工具箱中的橡皮擦工具，其属性栏如下图所示。

橡皮擦工具属性栏中各参数的含义介绍如下。

- **形状：** 为橡皮擦选择笔尖的形状，包括圆形和方形两个选项。
- **橡皮擦厚度** ⊖ 10.0" ⊕：在数值框中输入合适的数值，调整橡皮擦尖头的厚度。
- **笔压** ：运用数字笔或笔触的压力控制效果，在擦除图像区域时改变笔尖的大小。
- **减少节点** ：单击该按钮，可以减少擦除区域的节点数。

先绘制矩形并填充颜色，然后导入图像并调整好位置。使用选择工具选中所需的图像，选择工具箱中的橡皮擦工具，在图像上方单击鼠标左键确定起始点，移动光标将出现一条虚线，如下左图所示。移至虚线终点并单击鼠标左键即可擦除，擦除区域显示下一层填充色，如下中图所示。用户也可以长按鼠标左键进行曲线擦除，释放鼠标即可完成，如下右图所示。

3.3　图形填充

图形绘制完成后，用户还需为图形设置颜色，使作品具有更丰富的色彩。矢量图形可设置的填充部分主要包括区域与轮廓，区域填充指路径内部的颜色填充，可以是纯色填充，也可以是渐变填充或图案填充。

3.3.1　智能填充工具

智能填充工具可以对单个闭合的图形进行填充，也可对多个叠加图形的交叉区域填充颜色，使填充区域形成独立的新图形。在工具箱中选择智能填充工具，即可显示其属性栏，如下图所示。

智能填充工具属性栏中各参数的含义介绍如下。

- **填充选项：** 设置填充的状态，在该下拉列表中包括"使用默认值"、"指定"和"无轮廓"3个选项。
- **填充色** ：设置填充的颜色，可以在下拉面板中选择颜色，也可自定义颜色。
- **轮廓选项** ：设置填充对象的轮廓填充。
- **轮廓宽度** 0.5 pt ：在数值框中设置填充对象的轮廓宽度。
- **轮廓色：** 在下拉面板中设置填充对象的轮廓颜色。

1. 填充单一对象

打开CorelDRAW程序软件，在绘图页面中绘制图形，选中工具箱中的智能填充工具，设置填充色为浅绿色，轮廓宽度为3.0pt，轮廓色为红色，单击绘制的图形，可见图形应用了智能填充设置的格式，如下左图所示。使用选择工具，将填充后的图形移走，可见被填充的图形是独立的新图形，而原图形是没有被破坏的，如下右图所示。

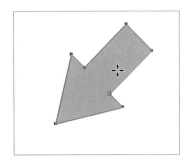 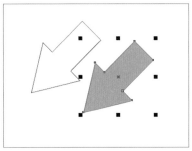

2. 填充多个对象

使用矩形工具和椭圆工具在绘图页面中绘制交叉的图形，选择智能填充工具，设置填充的属性，在空白部分单击鼠标左键，即可将图形合并填充，如下左图所示。使用选择工具将填充对象移走，可见合并填充也是独立的新图形，原图形不变，如下中图所示。使用智能填充工具，单击交叉图形中任意封闭的对象即可填充，如下右图所示。

 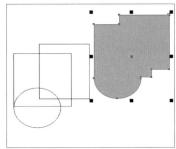 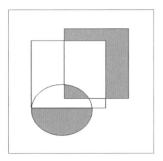

3.3.2 交互式填充工具

交互式填充工具可以为图形设置各种各样的填充效果，它包含几乎所有的填充类型，如均匀填充、渐变填充、向量图样填充、位图图样填充以及双色图样填充等，其属性栏会根据填充类型的不同而有所变化。

1. 无填充

在交互式填充工具属性栏中单击"无填充"按钮，可以将对象中已经填充的内容清除。首先使用选择工具选中对象，如下左图所示。选择工具箱中的交互式填充工具，在属性栏中单击"无填充"按钮，即可将对象中的填充删除，如下中图所示。保持该对象为选中状态，单击"无填充"属性栏中"复制填充"按钮，当光标变为向右的黑色箭头时，移至已经填充的对象上并单击鼠标左键，即可应用该填充，如下右图所示。

2. 均匀填充

均匀填充就是在封闭的图形内填充单一颜色。使用选择工具选中对象，选择工具箱中的交互式填充工具，在属性栏中单击"均匀填充"按钮，然后设置填充颜色，如下左图所示。单击属性栏中"编辑填充"按钮，打开"编辑填充"对话框，重新设置填充颜色，单击"确定"按钮，如下中图所示。可见图形重新填充了颜色，如下右图所示。

 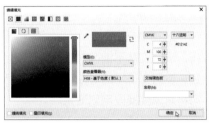 

> **提示：快速均匀填充**
>
> 除了使用交互式填充工具进行均匀填充外，用户还可以使用调色板快速填充，即选中需要填充的对象，在调色板中单击需要填充的颜色色块即可。

3. 渐变填充

渐变填充是两种或两种以上颜色过渡填充的效果。选择工具箱中的交互式填充工具，在属性栏中单击"渐变填充"按钮，其属性栏如下图所示。

渐变填充属性栏中各参数含义介绍如下。

- **渐变填充的类型**：设置渐变填充的类型，包括线性渐变填充、椭圆形渐变填充、圆锥形渐变填充和矩形渐变填充。
- **节点颜色**：选中控制器上的节点，单击该下三角按钮，选择节点的颜色。
- **节点透明度**：设置指定节点的透明度。
- **节点位置**：设置中间节点相对于第一个和最后一个节点的位置。
- **反转填充**：单击该按钮，反转渐变填充颜色。
- **排列**：设置渐变的排列方法，包括"默认渐变填充"、"重复和镜像"、"重复"3种排列方法。
- **平滑**：在渐变填充节点间创建更加平滑的颜色过渡。
- **加速**：在数值框中输入数值，调整渐变填充从一个颜色调和到另一个颜色的速度。
- **自由缩放和倾斜**：单击该按钮，允许填充不按比例倾斜或延展显示。
- **复制填充**：将文档中其他对象的填充复制到指定对象上。
- **编辑填充**：单击该按钮，打开"编辑填充"对话框，更改填充的颜色。

选中对象，在交互式填充工具的属性栏中单击"渐变填充"按钮，设置填充颜色为红色，如下左图所示。单击控制节点，设置节点颜色为黄色，如下右图所示。

4. 向量图样填充

向量图样填充是将大量重复的矢量图案以拼贴的方式填充至对象中，选择交互式填充工具，单击属性栏中"向量图样填充"按钮，其属性栏如下图所示。

向量图样填充属性栏中各参数含义介绍如下。

- **填充挑选器**：从个人或公共库中选择填充。
- **水平镜像平铺**：单击该按钮，设置交替平铺可在水平方向相互反射。
- **垂直镜像平铺**：单击该按钮，设置交替平铺可在垂直方向相互反射。
- **变换对象**：单击该按钮，可将对象变换应用到填充。

选中对象，选择工具箱中的交互式填充工具，在属性栏中单击"向量图样填充"按钮，在填充挑选器列表中选择矢量填充图，效果如下左图所示。调整图形左下角的圆形控制点，效果如下右图所示。

如果用户需要填充自己设计的填充图案，首先确保文件是CDR格式，然后选中填充对象，单击属性栏中"编辑填充"按钮，打开"编辑填充"对话框，单击"来自文件的新源"按钮，打开"导入"对话框，选择向量图样，单击"导入"按钮，如下左图所示。返回"编辑填充"对话框，预览填充向量图样的效果，单击"确定"按钮，可见选中的对象应用，选择的填充图案，如下右图所示。

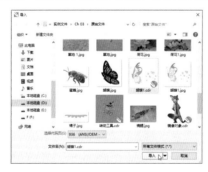 

5. 位图图样填充

位图图样填充是将位图对象作为图样填充至矢量图中，选择交互式填充工具，单击属性栏中"位图图样填充"按钮，其属性栏如下图所示。其属性栏中的"调和过渡"选项用于调整图样和边缘的过渡，在列表中可以设置高度、颜色和边缘匹配等参数。

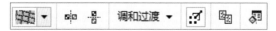

首先选中需要填充位图图样的对象，选择工具箱中的交互式填充工具，在属性栏中单击"位图图样填充"按钮，在填充挑选器列表中选择位图图样，效果如下左图所示。调整图形左下角的圆形控制点，等比例缩放位图图样，效果如下右图所示。

用户也可以自定义填充位图图样位图，选中填充对象，单击属性栏中"编辑填充"按钮，打开"编辑填充"对话框，单击"来自文件的新源"按钮，打开"导入"对话框，选择位图图样，单击"导入"按钮，如下左图所示。返回"编辑填充"对话框，预览填充向量图样的效果，单击"确定"按钮，可见选中的对象已经应用了选择的图案，如下右图所示。

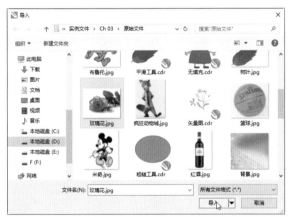 

6. 双色图样填充

双色图样填充可以为对象设置前景色和背景色来改变图案的效果。单击属性栏中"双色图样填充"按钮，其属性栏如下图所示。

双色图样填充属性栏中各参数含义介绍如下。

● **第一种填充色或图案**：设置第一种填充色或图案。
● **前景颜色**：单击下三角按钮，选择图案的前景色。
● **背景颜色**：单击下三角按钮，选择图案的背景色。

使用选择工具选中对象，在交互式填充工具的属性栏中单击"双色图样填充"按钮，单击"第一种填充色或图案"下三角按钮，选择一种图案，可见是黑白的效果，如下左图所示。然后分别设置前景色和背景色，效果如下右图所示。

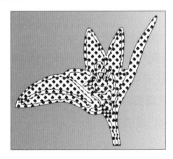 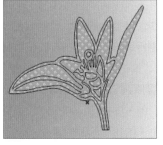

7. 底纹填充

底纹填充是使用预设的纹理底纹来填充图形。单击交互式填充工具属性栏中的"底纹填充"按钮，其属性栏如下图所示。

底纹填充属性栏中各参数含义介绍如下。

- **底纹库** [样品　▼]：从下拉列表的个人库中选择样品。
- **填充挑选器** ：单击下三角按钮，选择纹理图案。
- **底纹选项** ：单击该按钮，打开"底纹选项"对话框，设置底纹的填充属性，如位图分辩率、最大平铺宽度等参数。
- **重新生成底纹** ：单击该按钮，重新应用不同参数的填充。

使用选择工具选中矩形，在交互式填充工具的属性栏中长按"双色图样填充"按钮，选择"底纹填充"选项，如下左图所示。设置底纹库为"样本6"，在填充挑选器中选择底纹纹理图案，适当调整左下角的控制点，效果如下右图所示。

 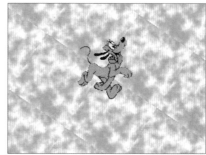

3.3.3 网状填充工具

网状填充工具可以设置不同的网格数量和调节点位置，填充不同颜色并能创建任何方向平滑的颜色过渡，从而产生特殊的填充效果。选中工具箱中的网状填充工具，其属性栏如下图所示。

网状填充工具属性栏中各参数含义介绍如下。

- **网格大小** ：设置网状填充网格的行数和列数。
- **选取模式** [矩形　▼]：单击该下拉按钮，在列表中选择选取框的模式，包括矩形和手绘两种。
- **添加交叉点** ：单击该按钮，在网状填充网格中添加交叉点。
- **删除节点** ：单击该按钮，删除选中的节点，改变曲线的形状。
- **转换为线条** ：将曲线段转换为直线。
- **转换为曲线**：将线段转换为曲线，可通过控制柄更改曲线形状。
- **对网状填充颜色进行取样** ：单击该按钮，从桌面对需要应用于选定节点的颜色进行取样。
- **网状填充颜色** ：单击该下三角按钮，为选定的节点选择颜色。
- **透明度** ：设置所选节点的透明度，单击下三角按钮，拖曳滑块即可设置透明度。
- **平滑网状颜色**：单击该按钮，减少网状填充中的硬边缘。
- **清除网状**：单击该按钮，移除对象中的网状填充。

　　选中需要填充的对象，选择工具箱中的网状填充工具，拖曳鼠标选中对象上所有节点，设置网状填充颜色，可见选中的对象均匀填充颜色，如下左图所示。将光标移至对象的某区域并单击鼠标左键，然后设置网状填充颜色为红色，可见该区域应用红色，在区域边缘颜色有过渡，如下中图所示。按照相同的方法，在对象不同区域内填充不同颜色，如下右图所示。

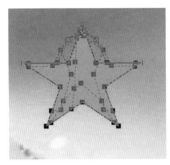  

3.3.4　滴管工具

　　使用滴管工具可以吸取颜色或属性并应用到指定的对象上。滴管工具包括颜色滴管工具和属性滴管工具，可以复制对象的颜色和属性。

1. 颜色滴管工具

　　颜色滴管工具可以在对象上进行颜色取样，然后应用至指定对象上。选择工具箱中的颜色滴管工具，其属性栏如下图所示。

颜色滴管工具属性栏中各参数含义介绍如下。

- **选择颜色 ✐**：从文档窗口中进行颜色取样。
- **应用颜色 ◈**：单击该按钮，将取样的颜色应用到其他对象。
- **从桌面选择 从桌面选择**：单击该按钮，可以对应程序外进行颜色取样。
- **像素区域**：设置平均颜色的取样范围，包括单像素、2×2、5×5。
- **添加到调色板 添加到调色板 ▾**：单击该按钮，将取样的颜色添加到文档调色板或调色板。

　　打开CorelDRAW软件，在绘图页面中绘制好图形，选择颜色滴管工具，此时光标变为吸管形状，在页面中进行颜色取样，如下左图所示。光标变为油漆桶形状，选中图形中需要填充颜色的区域，油漆桶下方出现无边框的正方形时单击鼠标左键，即可填充吸取的颜色，如下中图所示。若需要对图形对象的轮廓进行填充，则选取颜色后，将光标移至图形的边框上，油漆桶下方出现带边框的正方形时单击鼠标左键，即可填充图形的轮廓，如下右图所示。

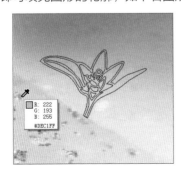 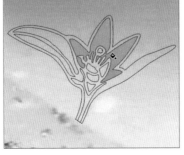 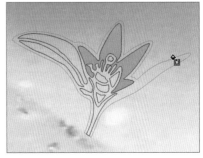

2. 属性滴管工具

属性滴管工具可以复制对象的属性，并将该属性应用至指定对象上。选择工具箱中的属性滴管工具，其属性栏如下图所示。

属性滴管工具属性栏中各参数含义介绍如下。

- **属性** 属性▼：选择取样的属性，单击该下三角按钮，在下拉面板中勾选相应的复选框，如下左图所示。
- **变换** 变换▼：设置取样对象的变换，单击下三角按钮，在下拉面板中勾选相应的复选框，如下右图所示。
- **效果** 效果▼：选择要取样的对象效果。

打开CorelDRAW软件，在绘图页面中绘制圆形，使用网状填充工具填充颜色，设置边框宽度和颜色，再绘制五角星并保持默认状态，如下左图所示。选择工具箱中的属性滴管工具，在属性栏中设置属性为轮廓和填充，设置"变换"为"大小"，在圆形图形上进行取样，然后在五角星上单击，可见五角星应用刚才设置的属性，如下中图所示。若在属性栏中只设置属性为轮廓，然后将圆形属性应用到五角星上，效果如下右图所示。

 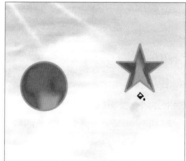 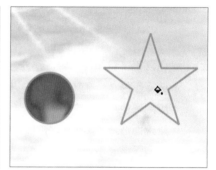

3.4 轮廓线编辑

轮廓线是矢量图形边缘线条，用户可以对轮廓线的样式、颜色和宽度进行编辑，使图形效果更丰富，本节主要介绍轮廓线各种属性的设置。

3.4.1 设置轮廓线属性

通过设置轮廓线的属性，可以使图形更美观。在绘图页面中绘制图形，默认的轮廓线是黑色的实线，轮廓宽度为0.5pt，如下左图所示。选中图形，双击状态栏中轮廓线颜色色块 ■，打开"轮廓笔"对话框，单击"颜色"右侧下三角按钮，选择合适的颜色，单击"确定"按钮，如下右图所示。

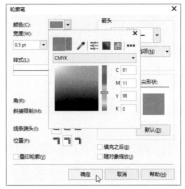

可见图形的轮廓线被设置为绿色，如下左图所示。在属性栏的"轮廓宽度"数值框中输入40并按Enter键，可见图形的轮廓线变宽了，如下右图所示。

再次打开"轮廓笔"对话框，单击"样式"下三角按钮，在列表中选择轮廓线的样式，单击"确定"按钮，如下左图所示。查看图形的轮廓线应用设置样式的效果，如下右图所示。

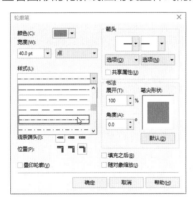

3.4.2 将轮廓线转换为对象

用户可以将轮廓线转换为图形形状，对轮廓线进行进一步编辑操作，如填充线色或图案。选中轮廓对象，执行"对象>将轮廓转换为对象"命令，如下左图所示。选择工具箱中的交互式填充工具，为图形应用位图图样填充效果，如下右图所示。

知识延伸：再制、步长和重复、克隆

本章介绍了复制图形的方法，下面将为读者介绍与复制操作类似的其他几种操作命令，包括再制、克隆以及步长和重复。

1. 再制

选中对象，执行"编辑>再制"命令，在原图上复制图形，使用选择工具将复制的图形拖曳至合适位置，如下左图所示。然后再次执行"编辑>再制"命令，即可按照相同距离复制图形，如下右图所示。

2. 克隆

选中对象，执行"编辑>克隆"命令，在原图上克隆出相同的图形，使用选择工具将克隆的图形拖曳至合适位置，如下左图所示。选择原始图形，在调色板中设置填充颜色，可见克隆的图形会自动改变，如下中图所示。选中克隆的图形，为其设置填充颜色，可见原始图形不会发生改变，如下右图所示。

对克隆对象进行各种编辑后，若需要将其恢复至原始状态，则选中克隆对象并右击，在快捷菜单中选择"还原为主对象"命令，在打开的对话框中进行相应的设置，单击"确定"按钮即可。

3. 步长和重复

选中对象，执行"编辑>步长和重复"命令，打开"步长和重复"泊坞窗，分别设置水平和垂直的偏移距离，在"份数"数值框中输入7，单击"应用"按钮，如下左图所示。可见按照设置的参数复制出选中的对象，效果如下右图所示。

上机实训：绘制红色高跟鞋

下面以使用图形填充功能为主导，介绍制作一款红色高跟鞋设计的操作方法。通过本案例的学习，使读者能够更熟练地运用图形填充，具体操作过程如下。

步骤 01 执行"文件>新建"命令，在弹出的"创建新文档"对话框中，对创建文档的参数进行设置后单击"确定"按钮，如下左图所示。

步骤 02 使用贝塞尔工具，在页面中绘制高跟鞋鞋帮部分的图形，如下右图所示。

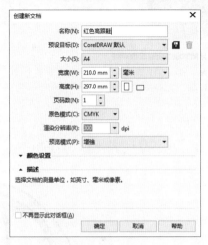
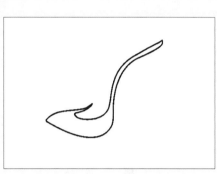

步骤 03 选择绘制的高跟鞋鞋帮部分图形，为其设置填充颜色为红色（C:4、M:100、Y:100、K:0），如下左图所示。

步骤 04 使用贝塞尔工具，绘制鞋跟部分的图形，如下右要图所示。

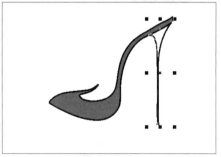

步骤 05 选择绘制的鞋跟图形，设置填充颜色为深红（C:56、M:100、Y:100、K:48）到红色（C:47、M:100、Y:100、K:25）到浅红色（C:42、M:100、Y:100、K:16）到红色（C:4、M:100、Y:100、K:0）的线性渐变，如下图所示。

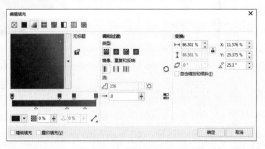

步骤 06 继续使用贝塞尔工具，绘制鞋底的图形，如下左图所示。

步骤 07 单击绘制的鞋底图形，设置填充颜色为深红（C:57、M:100、Y:100、K:51）到红色（C:44、M:100、Y:100、K:16）到红色（C:43、M:100、Y:100、K:13）的线性渐变，如下右图所示。

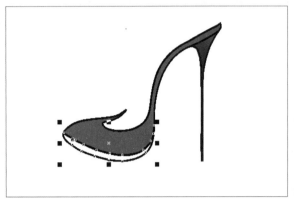
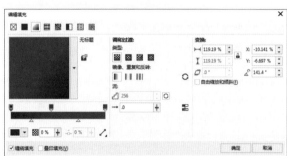

步骤 08 使用贝塞尔工具，绘制高跟鞋垫脚图形，如下左图所示。

步骤 09 为垫脚图形设置填充颜色为粉色（C:2、M:22、Y:25、K:0），效果如下右图所示。

步骤 10 继续使用贝塞尔工具，绘制高跟鞋的内衬图形，如下左图所示。

步骤 11 为内衬图形设置填充颜色为黑色（C:0、M:0、Y:0、K:100），如下右图所示。

步骤 12 选择工具箱中的透明度工具，单击属性栏中的"线性渐变透明度"按钮，对图形进行透明度的调整，如下左图所示。

步骤 13 使用贝塞尔工具，绘制高跟鞋的鞋带部分，如下右图所示。

步骤14 为鞋带部分图形设置填充颜色为红色（C:4、M:100、Y:100、K:0），如下左图所示。

步骤15 使用贝塞尔工具绘制鞋带另外一侧的图形，如下右图所示。

步骤16 为其设置填充颜色为深红（C:43、M:100、Y:100、K:13），如下左图所示。

步骤17 使用贝塞尔工具绘制鞋带部分的蝴蝶结图形，如下右图所示。

步骤18 单击绘制的图形，设置填充颜色为红色（C:5、M:99、Y:100、K:0），如下左图所示。

步骤19 使用贝塞尔工具绘制蝴蝶结图形，如下右图所示。

步骤 20 选择绘制的图形，设置填充颜色为红色（C:4、M:100、Y:100、K:0），如下左图所示。

步骤 21 使用贝塞尔工具绘制蝴蝶结图形，如下右图所示。

步骤 22 单击绘制的图形，设置填充颜色为深红（C:49、M:100、Y:100、K:31），如下左图所示。

步骤 23 选择所有的图形，设置形状轮廓为"无轮廓"，如下右图所示。

步骤 24 选择所有的图形，使用选择工具对图形的顺序进行调整，使图形之间的连接更加紧密，如下左图所示。

步骤 25 使用贝塞尔工具，在页面中绘制高跟鞋的装饰图形，如下右图所示。

 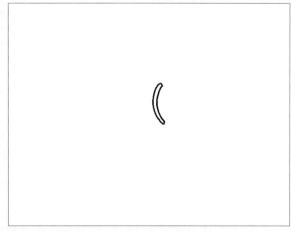

步骤 26 单击绘制的图形，设置填充颜色为黄色（C:0、M:3、Y:93、K:3），如下左图所示。

步骤 27 为绘制的图形设置形状轮廓为"无轮廓"，并放置在高跟鞋图形上，效果如下图所示。

步骤 28 继续绘制图形，并设置填充颜色为深红（C:49、M:100、Y:100、K:31），如下左图所示。

步骤 29 设置形状轮廓为"无轮廓"，按Ctrl+G组合键将其群组。选择绘制的图形并进行复制，调整好大小和方向，最终效果如下右图所示。

课后练习

1. 选择题

（1）执行缩放操作时，按（　　）键可以进行中心缩放。

    A. Ctrl   B. Shift

    C. Enter   D. Alt

（2）对多个图形对象进行合并，合并后对象的属性和（　　）属性相同。

    A. 最顶层对象   B. 最底层对象

    C. 先选中的对象   D. 后选中对象

（3）在工具箱中，裁剪工具不包括（　　）。

    A. 刻刀   B. 橡皮擦

    C. 图框精确裁剪   D. 虚拟段删除

（4）使用交互式填充工具可填充哪些填充类型（　　）。

    A. 均匀填充   B. 渐变填充

    C. 位图图样填充   D. 以上都是

2. 填空题

（1）在CorelDRAW中，对对象执行的基本变换包＿＿＿＿＿、＿＿＿＿＿、＿＿＿＿＿、＿＿＿＿＿和＿＿＿＿＿。

（2）使用属性滴管工具填充属性时，单击属性栏中"属性"下三角按钮，在列表中可设置＿＿＿＿＿、＿＿＿＿＿和＿＿＿＿＿3种属性。

（3）使用沾染工具时，在属性栏中设置"干燥"值，值越＿＿＿＿＿绘制的路径越尖。

（4）在设置轮廓线时，必须将轮廓转换为＿＿＿＿＿才能为轮廓线填充图案。

3. 上机题

    学习了各种图形编辑工具的应用和图形填充等知识后，用户可以自己创建并编辑图形来进一步熟悉所学的知识点，最终效果请参照下图。

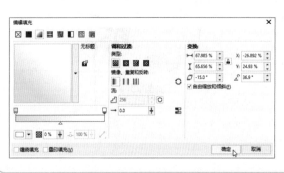

Chapter 04 位图编辑处理

本章概述

本章将使用CorelDRAW对位图图像进行编辑处理，包括位图的导入和编辑、位图与矢量图之间的转换，以及使用"效果>调整"子菜单中的命令对位图进行色彩的调整。

核心知识点

1. 掌握位图的导入和编辑
2. 熟悉位图与矢量图之间的转换操作
3. 掌握多种色彩调整命令
4. 了解位图的另类变换和校正操作

4.1 位图的导入与编辑

CorelDRAW虽是一款矢量图形制作软件，但也能对位图进行相应的处理，即包含两个绘图应用程序：一个用于矢量图及页面设计，一个用于位图图像编辑。使用CorelDRAW进行位图的编辑操作，首先要掌握位图的导入、大小调整、裁剪等基本操作，进而进行其他更多的操作。

4.1.1 导入位图

CorelDRAW虽然能对位图进行处理，但不能直接打开位图图像，需要执行"导入"操作，下面介绍导入位图图像的具体操作步骤。

步骤 01 打开CorelDRAW X8软件，在菜单栏中执行"文件>导入"命令，或是按下Ctrl+I组合键，在打开的"导入"对话框中选择所需位图文件，单击"导入"按钮，如下左图所示。

步骤 02 此时在绘图窗口中可观察到光标的变化情况，如下中图所示。

步骤 03 在绘图窗口中单击鼠标左键，即可将位图图像导入到CorelDRAW工作界面中，此时界面下方的状态栏会提供关于位图的颜色模式、大小和分辨率等信息，如下右图所示。

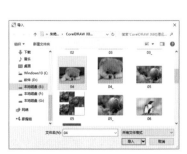  

4.1.2 编辑位图

将位图图像导入到CorelDRAW 后，即可对其进行放大、缩小或裁剪等操作。当对图像进行放大或缩小处理时，CorelDRAW会保留图像的原始大小信息，故导入的图像尺寸越大，图形文件的内存占有率也就越大。

1. 调整位图大小

在不失去图像基础信息的基础上，用户可以对位图进行缩放调整，即选择位图对象，将光标移动到图像周围黑色的控制点上，当光标变为双向箭头时，按住鼠标左键并拖曳，即可调整位图的大小，或是直接在属性栏中"对像大小"选项区域中设置对象的宽度和高度值。用户也可以在菜单栏中执行"位图>重新取样"命令，打开"重新取样"对话框设置图像大小，如下图所示。

2. 裁剪位图

要对位图进行裁剪操作，可以使用工具箱中的形状工具和裁剪工具直接对位图执行与矢量图形相似的操作即可。

4.1.3　位图与矢量图的转换

在CorelDRAW X8中，用户可以在位图和矢量图之间进行相互转换，方便两种类型的图像进行优点互补。

1. 将矢量图形转换为位图

将矢量图形转换为位图对象后，即可执行针对位图对象的命令，如调合曲线、替换颜色等。具体的操作为选择矢量图形，在菜单栏中执行"位图>转换为位图"命令，在打开的"转换为位图"对话框中设置相关信息，单击"确定"按钮，即可完成将矢量图形转换为位图，如下图所示。

2. 将位图描摹转换为矢量图

在CorelDRAW中将位图临摹转换为矢量图，可以保证图像效果在打印过程中不会变形。系统提供了多种转换的方法，用户可以根据需要执行多种临摹命令，包括"快速描摹"、"中心线描摹"和"轮廓描摹"。

- **快速描摹：** 使用"快速描摹"命令可以快速将当前位图描摹生成矢量图。
- **中心线描摹：** "中心线描摹"命令使用未填充的封闭或开放曲线（笔触）描摹位图，包括"技术图解"和"线条画"两种子命令，该方法还被称为"笔触描摹"。
- **轮廓描摹：** "轮廓描摹"命令使用的是无轮廓曲线对象描摹位图，包括"线条图"、"徽标"、"详细徽标"、"剪贴画"、"低品质图像"和"高品质图像"子命令，该方法还被称为"填充描摹"。

下面以"位图>轮廓描摹>高品质图像"命令为例，讲解将位图描摹转换为矢量图的具体操作步骤。

步骤 01 选择位图对象，在菜单栏中执行"位图>轮廓描摹>高品质图像"命令，如下左图所示。

步骤 02 在打开的PowerTRACE对话框中设置描摹参数，然后单击"确定"按钮，如下右图所示。

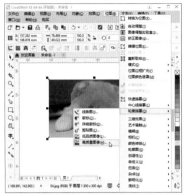 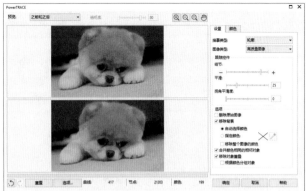

步骤 03 在返回的绘图窗口中，可发现在原始位图对象的上方创建一个矢量图形对象，使用选择工具将其移动，并与原始位图对象进行对比，如下图所示。

实例 制作旅行海报

下面以快速描摹工具为主导，介绍制作一款旅行海报的设计方法。通过本案例的学习，让读者可以更熟练地运用快速描摹工具，具体操作过程如下。

步骤 01 打开CorelDRAW软件，按下Ctrl+N组合键，打开"创建新文档"对话框，新建空白文档，如下左图所示。

步骤 02 在工具箱中双击矩形工具按钮，创建和页面大小一样的矩形，如下右图所示。

 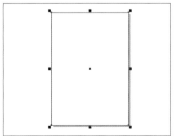

步骤 03 选中绘制的矩形图形，设置填充颜色为青色（C:100 M:0 Y:0 K:0），如下左图所示。

步骤 04 然后执行"文件>导入"命令，在弹出的"导入"对话框中选择"地球.jpg"素材，单击"导入"
按钮，如下右图所示。

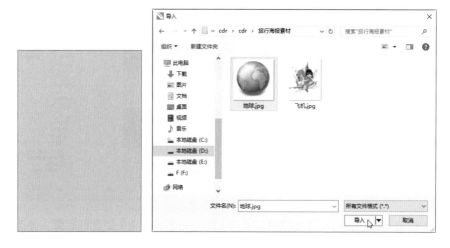

步骤 05 选中导入的图形，执行"位图>快速描摹"命令，保持临摹图片的位置不变，将位图拖曳至页面右
侧，如下左图所示。

步骤 06 选择描摹后的图形群组，进行放大操作，并单击鼠标右键，执行"取消组合对象"命令，选取解
散组合后的阴影和白色背景部分，按Delete键执行删除操作，如下右图所示。

步骤 07 框选取消组合后的地球图形，单击鼠标右键并执行"组合对象"命令，接着在菜单栏中执行"对
象>PowerClip>置于图文框内部"命令，把图形置入矩形背景中，如下图所示。

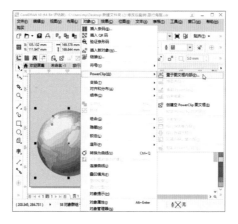

步骤 08 选中地球图形并单击鼠标右键，选择"编辑PowerClip"命令，调整图形的位置和大小，然后再次单击鼠标右键，执行"结束编辑"命令，如下左图所示。

步骤 09 执行"文件>导入"命令，在弹出的"导入"对话框中选择"飞机.jpg"素材并单击"导入"按钮，然后执行"位图>轮廓描摹>线条图"命令，效果如下右图所示。

步骤 10 选择描摹后的飞机矢量图并单击鼠标右键，执行"取消组合对象"命令，把灰色和局部白色部分删除，按Ctrl+G组合键进行群组操作，如下左图所示。

步骤 11 使用文本工具在画面中键入文字，并设置合适的字体、字号和字体颜色，如下右图所示。

步骤 12 继续使用文本工具输入文字并设置字体格式，创建一条分割线并填充蓝色，然后输入两个符号并填充颜色为白色，效果如下左图所示。

步骤 13 选择所有的文字并单击鼠标右键，选择"转换为曲线"命令，调整文字和图片的顺序，至此旅行海报制作完成，效果如下右图所示。

4.1.4　位图模式的转换

CorelDRAW提供了多种位图颜色模式，不同的颜色模式在显示效果上也有所不同。选中一个位图图像，执行"位图>模式"命令，在其子菜单中可以进行颜色模式的选择，包括"黑白"、"灰度"、"双色"、"调色板色"、"RGB颜色"、"Lab色"和"CMYK色"，如下左图所示。同一图像在不同的颜色模式下其效果也会有所不同，每将位图颜色模式转换一次，位图的部分颜色信息都可能会减少，效果就会与之前不同，下右图为不同颜色模式的对比效果。

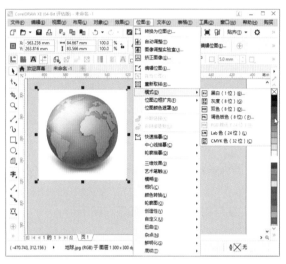 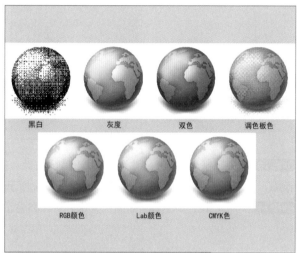

- **黑白**："黑白"模式是一种由黑白两种颜色组成的模式，这种模式没有层次上的变化。
- **灰度**："灰度"模式是由255个级别的灰度形成的图像模式，它是一种不具有颜色信息的模式。
- **双色**："双色"模式是利用两种及两种以上颜色混合而成的色彩模式。
- **调色板色**："调色板色"模式也称为索引颜色模式，将图像转换为"调色板色"模式时，每个像素会分配一个固定的颜色值，这些颜色值存储在简洁的颜色表中，或包含多达256色的调色板中。因此，调色板颜色模式的图像包含的数据比24位颜色模式的图像少，文件大小也较小，对于颜色范围有限的图像，将其转换为调色板颜色模式效果最佳。
- **RGB颜色**："RGB颜色"模式是最常用的位图颜色模式，是以红、绿、蓝三种基本色为基础，进行不同程度的颜色叠加。
- **Lab色**："Lab色"模式由 3个通道组成：一个是透明度L通道，其他两个分别为a和b色彩通道，表示色相和饱和度。Lab模式分开了图像的亮度与色彩，是一种国际色彩标准模式。
- **CMYK色**："CMYK色"模式是一种常用的印刷颜色模式，是一种减色色彩模式。CMYK模式下的色域略小于RGB，所以RGB 模式图像转换为CMYK模式会产生色感降低的情况。

4.1.5　图像调整实验室

"图像调整实验室"命令可以快速对位图图像的颜色信息进行调整处理，在菜单栏中执行"位图>图像调整实验室"命令，可以打开"图像调整实验室"对话框，如右图所示。

在"图像调整实验室"对话框中，用户可以通过对温度、淡色、饱和度、亮度、对比度、高光、阴影和中间色调等参数的设置，来调整图像效果，如下图所示。

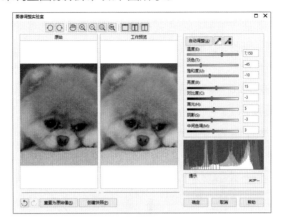

4.1.6 矫正图像

在CorelDRAW中，"矫正图像"命令可用于更正照片拍摄时产生的镜头畸变、角度以及透视问题。选择一个位图对象，在菜单栏中执行"位图>矫正图像"命令，在打开的"矫正图像"对话框中设置相关参数，然后单击"确定"按钮完成图像的矫正，如下图所示。

4.2 位图的色彩调整

在CorelDRAW中，用于色彩调整的功能命令大多集中在"效果>调整"子命令菜单中。这些子菜单中命令的激活情况会因对象属性不同而有所区别，下图分别为针对矢量图和位图的调整命令。

4.2.1 调合曲线

"调和曲线"命令用于调整单个颜色通道或复合通道（所有复合的通道）来进行颜色和色调校正。单个像素值沿着图形中显示的色调曲线绘制，该色调曲线代表阴影（图形底部）、中间色调（图形中间）和高光（图形顶部）之间的平衡。图形的X轴代表原始图像的色调值，Y轴代表调整后的色调值，下面将介绍"调合曲线"命令的具体使用方法。

步骤 01 选择一个位图对象，在菜单栏中执行"效果>调整>调合曲线"命令，如下左图所示。即可打开"调合曲线"对话框，如下右图所示。

 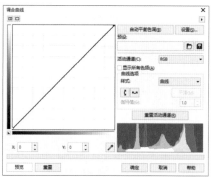

步骤 02 在"调合曲线"对话框中，调整中间色调曲线，此时在绘图窗口中可观察到图像的变化情况，如下图所示。

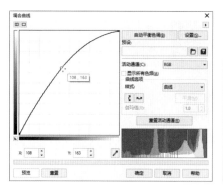 

步骤 03 用户也可尝试调整单个颜色通道来改变图像效果，如下图所示。

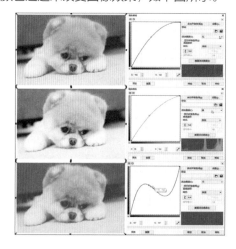

4.2.2 亮度/对比度/强度

"亮度/对比度/强度"命令用于调整矢量图形或位图对象的亮度、对比度和强度效果。选择矢量图形或者位图对象，在菜单栏中执行"效果>调整>亮度/对比度/强度"命令，在打开的"亮度/对比度/强度"对话框中，拖曳"亮度"、"对比度"、"强度"的滑块，或在右侧的数值框内输入数值，即可更改图像效果，单击"确定"按钮完成操作。下图分别为原始图像、"亮度/对比度/强度"对话框和调整高度、对比度和强度后的图像效果。

4.2.3 颜色平衡

"颜色平衡"命令是对图像中互为补色的色彩之间平衡关系的处理，来校正图像色偏。选择矢量图形或位图对象，在菜单栏中执行"效果>调整>颜色平衡"命令，打开"颜色平衡"对话框，设置调整相关参数。下图分别为原始图像、"颜色平衡"对话框、调整后的图像效果。

4.2.4 色度/饱和度/亮度

"色度/饱和度/亮度"命令用于调整矢量图形或位图对象中的色频通道，并改变色谱中颜色的位置，该命令可以更改图像的颜色、浓度和亮度。选择矢量图形或位图对象，在菜单栏中执行"效果>调整>色度/饱和度/亮度"命令，在打开的"色度/饱和度/亮度"对话框中，选择相应的通道后，拖曳"色度"、"饱和度"、"亮度"的滑块，或在右侧的数值框内输入数值，即可更改图像效果，单击"确定"按钮完成操作，下图分别为原始图像、"色度/饱和度/亮度"对话框和调整后的图像效果。

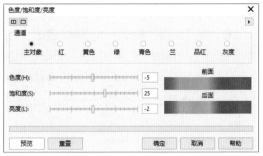

4.2.5 替换颜色

"替换颜色"命令针对图像中某种颜色区域进行调整，并将选择的颜色替换为其他颜色。选择位图对象，在菜单栏中执行"效果>调整>替换颜色"命令，在打开的"替换颜色"对话框中，单击"原颜色"右侧的吸管工具，吸取图像上需要替换的颜色，再设置"新建颜色"用以替换原有颜色，单击"确定"按钮完成调整操作。下图分别为原始图像、"替换颜色"对话框和调整后的图像效果。

4.2.6 高反差

"高反差"命令在保留阴影和高亮度细节的同时，调整位图的色调、颜色和对比度。选择位图对象，在菜单栏中执行"效果>调整>高反差"命令，在打开的"高反差"对话框右侧的直方图中显示图像每个亮度值像素点的多少，最暗的像素点在左边，最亮的像素点在右边。在"通道"选项区域内选择所需的通道，拖曳直方图下方的"输出范围压缩"滑块调节图像效果，单击"确定"按钮完成操作，下图分别为原始图像、"高反差"对话框和调整后的图像效果。

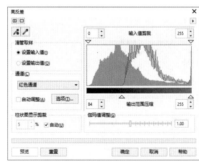

 知识延伸：位图的另类变换和校正

使用CorelDRAW对位图进行色彩调整的过程中，用户会发现"效果"菜单中除了有"调整"命令外，还包括"变换"和"校正"命令。在"变换"命令的子列表中包括"去交错"、"反转颜色"和"极色化"3个子命令，在"校正"命令的子列表中包括"尘埃与刮痕"子命令，如下图所示。

- **去交错**：该命令主要用于处理使用扫描设备输入的位图，可以消除位图上的网点。
- **反转颜色**：该命令通过将图像所有颜色进行翻转得到负片效果，如下图所示。

- **极色化**：该命令通过移除画面中色调相似的区域，得到色块化的效果，如下图所示。

- **尘埃与刮痕**：该命令通过消除超过所设对比度阈值的像素之间对比度，来擦出细微的颗粒或刮痕效果。

上机实训：制作同学会CD封面

通过本章内容的学习，相信读者对位图的编辑操作已有一定的认识，下面以一款同学会CD封面的设计制作为例，对本章所学内容进行巩固，具体操作过程如下。

步骤 01 打开CorelDRAW软件，执行"文件>新建"命令，在弹出的对话框中设置文档的相关参数后，单击"确定"按钮，如下左图所示。

步骤 02 选择工具箱中的椭圆工具，按住Ctrl键的同时在绘图页面中绘制一个正圆形，如下右图所示。

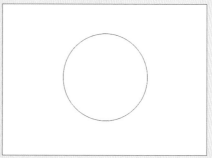

步骤 03 导入"背景1"素材，执行"位图>图像调整实验室"命令，如下左图所示。

步骤 04 在弹出的对话框中，设置"温度"为3897，"淡色"为6，"饱和度"为50，如下右图所示。

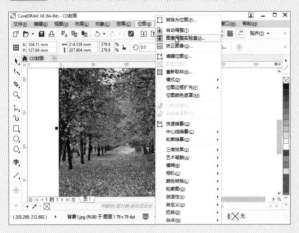

步骤 05 选中"背景1"素材，执行"对象>PowerClip>置于图文框内部"命令，然后选中正圆形，将素材置于正圆形内，如下左图所示。

步骤 06 选中圆形并右击，选择"编辑PowerClip"命令，调整素材文件的位置和大小，单击"停止编辑内容"按钮，效果如下右图所示。

步骤 07 继续导入"背景2"素材，按照上述方法将"背景2"置入圆形里面，使图片大于圆形，如下图所示。

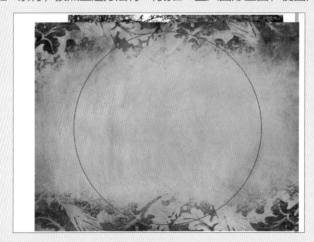

步骤 08 选择透明度工具，调整素材"背景2"的透明度，营造一种怀旧的感觉，如下左图所示。

步骤 09 导入"背景3"素材，按照上述方法把"背景3"置入圆形里面，调整图片大小后单击鼠标右键，选择"结束编辑"命令，效果如下右图所示。

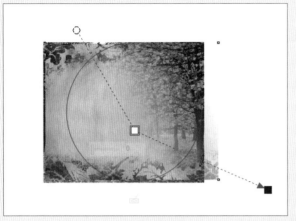 

步骤 10 使用文本工具，在属性栏中设置合适的字体和字号，然后输入文字，设置字体颜色为黑色和深棕色，将所有的文字转换为曲线，如下左图所示。

步骤 11 使用椭圆工具绘制一个小正圆形，设置填充颜色为白色，设置形状轮廓为"无轮廓"，选中两个圆形，设置对齐方式为水平/垂直居中对齐，如下右图所示。

步骤 12 继续导入"枫叶"矢量素材，按Ctrl+G组合键将所有枫叶群组，放在CD封面的合适位置，至此CD的封面就制作完成了，最终效果如右图所示。

课后练习

1. 选择题

（1）组成位图图像的最小单位是（　　）。

　　A. 分辨率　　　　　　　　　　　　B. 像素

　　C. 矢量　　　　　　　　　　　　　D. 对象

（2）在CorelDRAW中按下（　　）组合键，可以打开的"导入"对话框。

　　A. Ctrl+Shift+N　　　　　　　　　B. Ctrl+N

　　C. Ctrl+I　　　　　　　　　　　　D. Ctrl+Shift+P

（3）在CorelDRAW中，位图的颜色模式有（　　）种。

　　A. 6　　　　　　　　　　　　　　B. 7

　　C. 8　　　　　　　　　　　　　　D. 9

（4）在CorelDRAW中，按下Ctrl+Shift+B组合键，可以打开（　　）对话框中。

　　A. 调合曲线　　　　　　　　　　　B. 颜色平衡

　　C. 替换颜色　　　　　　　　　　　D. 色度/饱和度/亮度

2. 填空题

（1）在CorelDRAW中，将矢量图形转换为位图的过程中，需在＿＿＿＿＿＿对话框中设置分辨率、颜色模式等属性。

（2）若要将位图转换为矢量图，可以执行＿＿＿＿＿、＿＿＿＿＿＿和＿＿＿＿＿命令。

（3）在"调合曲线"对话框框中，设置＿＿＿＿＿、＿＿＿＿＿＿和＿＿＿＿＿之间的平衡曲线关系，来进行图像的调整。

（4）在CorelDRAW中，选择位图对象，按下Ctrl+Shift+U组合键，可以打开＿＿＿＿＿对话框。

3. 上机题

在CorelDRAW中导入下左图所示的位图对象，在菜单栏中执行"效果>调整>调合曲线"命令，打开"调合曲线"对话框，参考下图效果进行相关设置。

 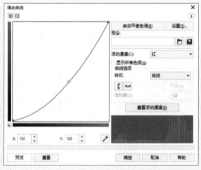 

Chapter 05 图形效果与滤镜应用

本章概述

本章将对CorelDRAW软件中的图形和滤镜效果分别进行介绍，图形效果主要针对矢量图形，而滤镜效果则适用于位图对象。用户通过对本章内容的学习，会对图形效果和滤镜的应用有更进一步的认识。

核心知识点

❶ 认识各种图形效果

❷ 掌握调和、阴影等工具的使用

❸ 熟悉各种滤镜效果

❹ 综合应用图形效果与滤镜效果

5.1 图形效果应用

CorelDRAW作为一款专业的矢量绘图软件，除了具有强大的图形绘制功能外，还具备为矢量图形添加调和、轮廓图、变形、阴影、封套、立体化等三维效果功能，且其中的某些效果也可用于位图对象。

5.1.1 调和效果

调和工具是在两个或多个矢量图形之间生成一系列中间过渡图形，最终形成丰富多彩的一组群组对象的图形效果，常用于在对象中创建逼真的阴影和高光，或是设计一些变幻多姿的图案。

1. 调和对象的创建

首先创建两个矢量图形，在工具箱中选择调和工具，然后选择第一个对象，按住鼠标左键拖曳至第二个对象上即可，如下左图所示。或是选择第一个对象后，按住Alt键拖动鼠标左键绘制路径至第二个对象上，松开鼠标左键即可创建一个沿手绘路径调和的群组对象，如下中、下右图所示。

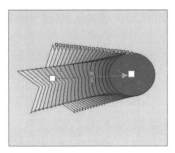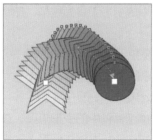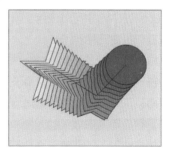

2. 调和对象的编辑

创建出调和效果后，用户可以在调和工具的属性栏或是"调和"泊坞窗中对调和效果的步长数、旋转角度及调和中的颜色渐变序列等进行设置。下图分别为初始对象和应用"直接调和"、"逆时针调和"、对象和颜色加速的调和效果。

5.1.2 轮廓图效果

轮廓图工具可以通过为图形对象勾勒轮廓线，创建出一系列渐进到对象内部或外部同心线的有趣的三维图形效果。下图为设置轮廓图的效果。

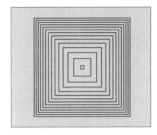   

选择需要添加轮廓图效果的矢量图形或群组对象，然后选择工具箱中的轮廓图工具，或者在菜单栏执行"窗口>泊坞窗>效果>轮廓图"命令，在打开的"轮廓图"泊坞窗进行轮廓图效果的设置，如右图所示。

- **轮廓偏移方向**：包括"到中心"、"内部轮廓"、"外部轮廓"3种类型。单击相应的按纽，即可选择轮廓偏移方向。
- **轮廓图步长**：指定轮廓线的数量。
- **轮廓图偏移**：指定轮廓线之间的距离。
- **转角**：设置轮廓图的转角类型，有"斜接角"、"圆角"和"斜切角"3种类型，分别可以在轮廓图中产生尖角、倒圆角和倒角效果。
- **颜色调和**：用于设置轮廓色、轮廓之间的填充颜色及轮廓色的颜色渐变序列等。

5.1.3 变形效果

在CorelDRAW中可以使用工具箱中的变形工具为线条、形状和轮廓等矢量对象添加变形效果，包括推拉、拉链和扭曲三种类型。

- **推拉**：可以推进对象的边缘，或是拉出对象的边缘。
- **拉链**：可以将锯齿效果应用于对象的边缘。
- **扭曲**：可以旋转对象以创建漩涡效果。

选择需要应用变形效果的对象，选择工具箱中的变形工具，在其属性栏中单击"推拉变形"、"拉链变形"或"扭曲变形"的任意一个按钮，按住鼠标左键在图形上进行拖曳绘制，松开鼠标后图形即可发生变形效果，再次返回属性栏可以进行相应参数的调节，下图为3种变形效果。

1. 推拉变形

使用推拉变形工具时，用户既可以在属性栏中设置"居中变形"、"推拉振幅"等参数，来调整推拉变形的中心、对象扩充或收缩的幅度情况，也可以直接在绘图页面中移动变形手柄来达到此目的。下图为设置不同参数的推拉变形效果。

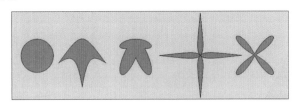

2. 拉链变形

使用拉链变形工具时，在属性栏中除了可以通过设置"拉链振幅"参数来调整拉链效果中的锯齿高度，还可以通过设置"拉链频率"参数来调整拉链效果中锯齿的数量。

3. 扭曲变形

使用扭曲变形工具，在属性栏中设置扭曲漩涡的方向、旋转圈数及超出完整旋转圈数的剩余度数，下图为设置不同参数的扭曲变形效果。

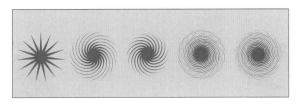

实例 使用扭曲工具绘制棒棒糖图形

下面以扭曲工具的使用为主导，介绍制作一款棒棒糖图形设计的过程。通过本案例的学习，让读者可以熟练运用本章所学知识，具体操作过程如下。

步骤 01 首先执行"文件>新建"命令，在弹出的"创建新文档"对话框中，对创建文档的参数进行设置后，单击"确定"按钮，如下左图所示。

步骤 02 使用矩形工具绘制一个矩形，然后将其转换为曲线，并使用形状工具调节其形状，效果如下右图所示。

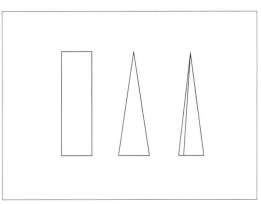

步骤 03 为绘制的图形设置填充颜色为黄色，旋转复制一个图形，并设置填充颜色为酒绿，如下左图所示。

步骤 04 一个颜色的旋转角度是15度，两个就是30度，360/30度，可得出12个，刚好组成一圈，效果如下右图所示。

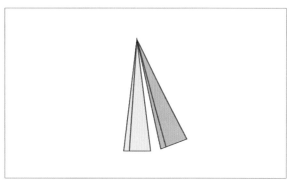 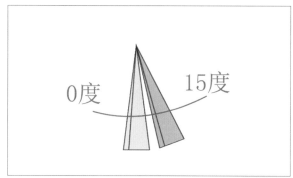

步骤 05 使4个角度为一个循环，填充颜色分别是红色、黄色、酒绿、浅蓝光紫；设置轮廓形状为"无轮廓"，按Ctrl+G组合键群组对象，效果如下左图所示。

步骤 06 选择群组对象，选择变形工具 ，接着在属性栏中单击"扭曲变形"按钮 ，并在"附加度数"数值框中输入90，对群组图形作变形处理，效果如下右图所示。

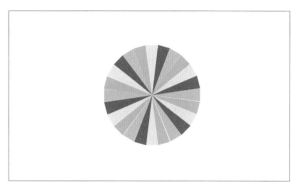 

步骤 07 使用矩形工具，在棒棒糖的下方绘制木棒图形，如下左图所示。

步骤 08 设置木棒图形的填充颜色为深黄，设置形状轮廓为"无轮廓"。选中全部图形，按下Ctrl+G组合键群组对象，如下右图所示。

步骤09 按照同样的方法再绘制一个棒棒糖，如下左图所示。

步骤10 调整两个棒棒糖的大小和角度，最终效果如下右图所示。

5.1.4 阴影效果

阴影工具可以模拟光从平面、右、左、下和上五个不同的透视点照射在对象上的效果。大多数对象或群组对象都可以添加阴影效果，其中包括美术字、段落文本、矢量图和位图等对象。

1. 阴影效果的添加

● **方法一**：选择需要添加阴影效果的对象，选择工具箱中的阴影工具，将光标移动到对象上，按住鼠标左键拖动对象的中心或边，直至阴影的大小效果符合需求，如下图所示。

● **方法二**：选择需要添加阴影效果的对象，选择工具箱中的阴影工具，展开属性栏中的"预设列表"，选择某一选项后，即可为对象快速创建不同样式的阴影，也可以在预设模板的基础上自定义阴影效果。下图为"预设列表"中11种预置的阴影效果展示。

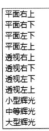

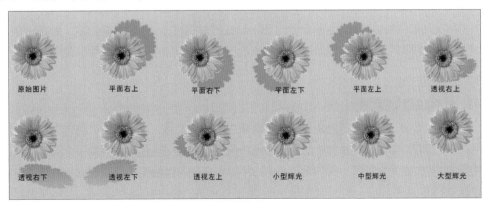

2. 阴影效果的调整

为对象添加阴影效果后，可以在绘图页面中调整控制柄上两个节点或滑块的位置从而更改阴影的透视点、位置、方向和不透明度属性，也可以配合调整属性栏中的阴影颜色、淡出级别和羽化等阴影属性。

● **阴影偏移：** 调整阴影和对象间的距离，下图为同一阴影方向两种不同偏移值的效果。

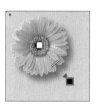 

● **阴影的不透明度：** 调整阴影的透明度属性，下图分别是不透明度值为33和88的阴影效果。

● **阴影羽化：** 调整阴影边缘的锐化或柔化效果，下图分别是羽化值为5和15的阴影效果。

 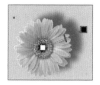

● **阴影颜色：** 设置阴影的颜色，下图分别是阴影颜色为黄色和红色的效果。

提示：不能应用阴影效果的对象

在CorelDRAW中，用户不能将阴影添加到链接的群组，比如调和的对象、勾划轮廓图的对象、斜角修饰边对象、立体化对象、用艺术笔工具创建的对象或其他阴影对象上。

5.1.5 封套效果

使用CorelDRAW 进行作品设计的过程中，往往需要对已经编辑好的对象（包括线条、美术字和段落文本框、组合对象等）进行透视调整，为对象造形，从而增加空间视觉效果，使用封套工具可快速为对象创建透视效果。

1. 封套效果的添加

选择需要添加封套效果的对象，选择工具箱中的封套工具，或者单击"封套"泊坞窗中的"添加新封套"按钮，即可为对象添加封套。此时在对象外侧会自动生成蓝色虚线框和多个节点，通过移动这些虚线上的封套节点改变对象形状。在CorelDRAW中，用户还可以根据需要对封套上的节点进行删除、移动和添加操作。

2. 封套效果的调整

使用工具箱中的封套工具为对象添加封套效果后，可以在属性栏中进行相应参数的调整，也可以在菜单栏执行"窗口>泊坞窗>效果>封套"命令或是"效果>封套"命令，打开"封套"泊坞窗进行封套效果调整，下图为一组合对象添加封套效果的前后对比。

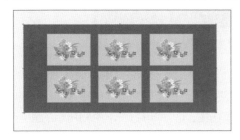 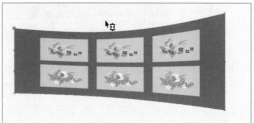

5.1.6 立体化效果

在CorelDRAW中，选择工具箱中的立体化工具，然后将光标移动到线条、形状、文字或群组对象上，按住鼠标左键进行拖曳创建矢量立体模型，下图所示即为为文字添加立体化的效果。

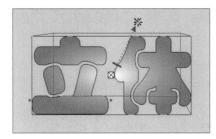 

创建立体化效果后，可以在立体化工具的属性栏或者在"立体化"泊坞窗中进行立体化效果调整，下图为其属性栏。

- **立体化类型**：单击"立体化类型"下三角按钮，选择提供的6种立体化类型中的任一选项即可将其应用到当前对象上。
- **灭点坐标**：通过设置灭点的x,y坐标来确定立体化灭点的位置，下图所示为灭点坐标x,y（10，10）和灭点坐标x,y（-35，-35）的两种立体化效果。

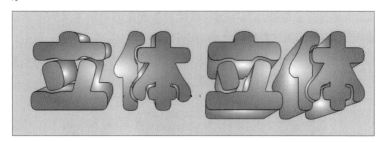

- **灭点属性**：在"灭点属性"下拉列表中提供了"灭点锁定到对象"、"灭点锁定到页面"、"复制灭点，自…"和"共享灭点"4种选项，用于更改灭点的锁定位置、复制灭点或在对象间共享灭点。选择"灭点锁定到对象"选择后，移动对象时灭点将随其移动，立体化效果不变，而选择"灭点锁定到页面"选项后，移动对象时灭点不随之移动，灭点位置不变，立体化效果将发生改变。

- **深度**：用于调整立体化效果的纵深度，下图深度值分别为10和50的效果。

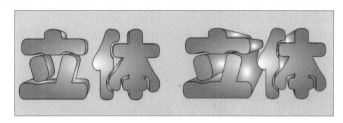

- **立体化旋转**：单击"立体化旋转"按钮，在弹出的面板中，将光标移动到示例图形3上，当光标变为下左图所示形状时，按住鼠标左键进行拖曳调整对象的透视旋转角度。单击该面板中的重置旋转按钮 ↻ ，即可将旋转角度复原，而单击该面板右下角按钮 ⚲ ，即可打开下中图所示的面板，进行旋转角度的精确设置，效果如下右图所示。

- **立体化颜色**：单击"立体化颜色"按钮，即可弹出下左图所示的设置面板。在该面板中有"使用对象填充"、"使用纯色"和"使用递减的颜色"3个按钮，用于立体化颜色的调整。

 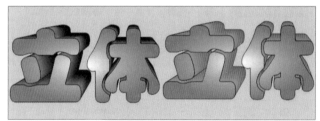

- **立体化倾斜**：单击该按钮，在弹出的面板中设置为对象添加斜角的效果。
- **立体化照明**：单击该按钮，在弹出的面板中设置为对象添加照明的效果，最多可添加3个照明光源。

5.1.7 透明效果

透明度工具可以为矢量图形或位图添加半透明效果，从而使该对象下方的对象部分显示出来。选择对象后，选择工具箱中的透明度工具，在属性栏中可以对透明度类型进行设置，包括均匀、渐变、向量图样、位图图样和双色图样透明度等多种类型。此外，属性栏中的"合并模式"可以设置透明度颜色与下方对象颜色调和的方式，下图为不同透明度类型的效果。

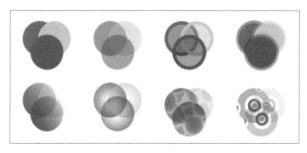

实例 调整透明度绘制花朵背景图形

下面以透明度工具的使用为主导，介绍制作一款花朵背景设计的方法。通过本案例的学习，让读者可以更熟练地运用透明度工具，具体操作过程如下。

步骤 01 首先执行"文件>新建"命令，在弹出的"创建新文档"对话框中，对创建文档的参数进行设置后，单击"确定"按钮，如下左图所示。

步骤 02 使用贝塞尔工具绘制一个花瓣图形，如下右图所示。

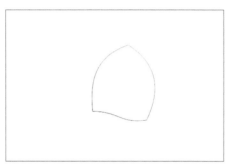

步骤 03 选择交互式填充工具❨，单击属性栏中的"椭圆形渐变填充"按钮，将图形填充设置为从蓝色（C:100、M:0、Y:0、K:0）到白色的渐变，如下左图所示。

步骤 04 设置形状轮廓为"无轮廓"后，选择透明度工具▧，在属性栏中单击"线性渐变透明度"按钮，移动光标，对图形进行透明处理，如下右图所示。

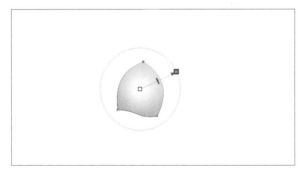
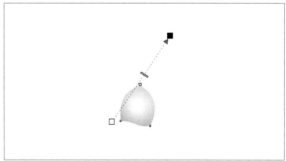

步骤 05 使用选择工具调整图形角度，在属性栏中设置"旋转角度"为208，效果如下左图所示。

步骤 06 选中图形并按下键盘上的+键，复制一个图形。选择交互式填充工具❨，在属性栏中单击"椭圆形渐变填充"按钮，设置填充颜色为从浅蓝（C:40、M:0、Y:0、K:0）到白色的渐变，如下右图所示。

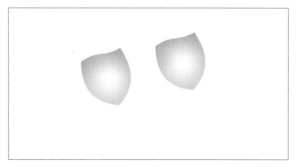

步骤 07 使用选择工具调整图形大小和角度，然后放在合适的位置，在属性栏中设置"旋转角度"为285，如下左图所示。

步骤 08 选择透明度工具▧，在属性栏中单击"椭圆形渐变透明度"按钮，对图形进行透明处理，如下右图所示。

 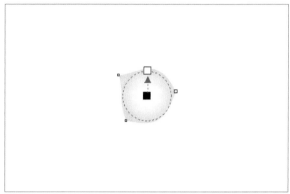

步骤 09 选中上述图形，按下键盘上的+键，复制一个图形，选择交互式填充工具✎，在属性栏单击"圆锥形渐变填充"按钮，设置填充颜色为从白色到蓝色（C:40、M:0、Y:0 、K:0）的渐变，如下左图所示。

步骤 10 选择透明度工具▧，在属性栏单击"均匀透明度"按钮，设置透明度为50，如下右图所示。

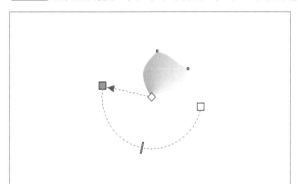 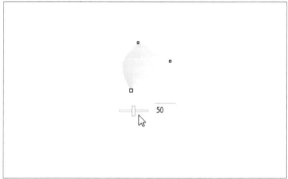

步骤 11 使用选择工具调整图形大小和角度，放在合适的位置，在属性栏中设置"旋转角度"为156，如下左图所示。

步骤 12 选中上述图形，按下键盘上的+键，复制一个图形，选择交互式填充工具✎，在属性栏单击"椭圆形渐变填充"按钮，设置填充颜色为从白色到蓝色（C:40、M:0、Y:0 、K:0）的渐变，如下右图所示。

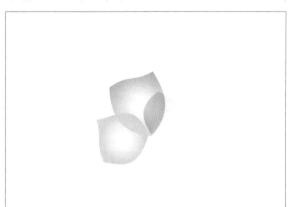 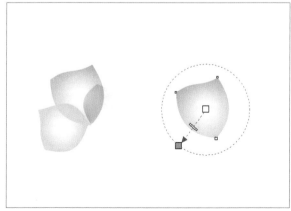

步骤 13 选择透明度工具▧，在属性栏中单击"椭圆形渐变透明度"按钮，对图形进行透明处理，如下左图所示。

步骤 14 使用选择工具调整图形大小和角度，放在合适的位置，在属性栏中设置"旋转角度"为236，如下右图所示。

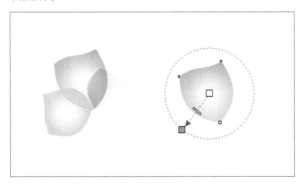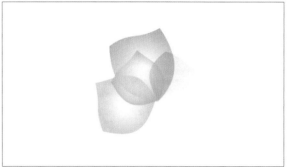

步骤 15 选中上述图形，按下键盘上的+键，再复制一个图形，选择交互式填充工具🖋，在属性栏中的单击"圆锥形渐变填充"按钮，设置填充颜色为从白色到蓝色（C:40、M:0、Y:0 、K:0）的渐变，如下左图所示。

步骤 16 选择透明度工具▧，在属性栏中单击"线性渐变透明度"按钮，对图形进行透明处理，如下右图所示。

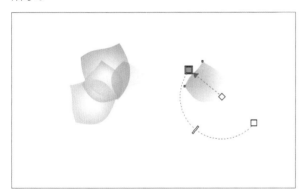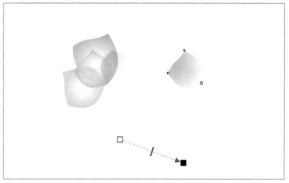

步骤 17 使用选择工具调整图形大小、角度、图层顺序等，并将其放在合适的位置，在属性栏中设置"旋转角度"为266，如下左图所示。

步骤 18 双击工具箱中的矩形工具，创建一个页面尺寸等大的矩形，为矩形设置填充颜色为从蓝色（C:40、M:0、Y:0 、K:0）到白色的渐变，如下右图所示。

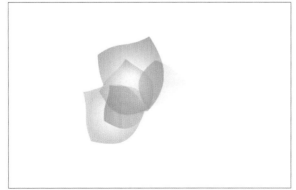

步骤 19 单击属性栏中的"编辑填充"按钮，在打开的"编辑填充"对话框中设置相关参数，使背景颜色清新，从而突出花朵颜色，如下左图所示。

步骤 20 选择透明度工具▧，在属性栏中单击"均匀透明度"按钮，设置透明度为50，如下右图所示。

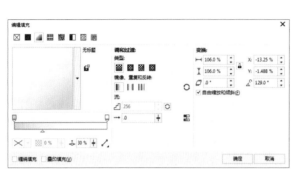

步骤 21 使用贝塞尔工具在画面中相应位置画上花茎图形，设置轮廓颜色为蓝色（C:68、M:11、Y:0 、K:0），轮廓笔为1mm；再设置其他花茎的轮廓颜色为深蓝色（C:100、M:20、Y:0 、K:0），轮廓笔为0.5mm，如下左图所示。

步骤 22 选择艺术笔工具✎，在属性栏中设置"笔刷笔触"为 ▬ ，在花茎上绘制叶子图形，设置填充颜色为蓝色和白色，如下右图所示。

步骤 23 选中整个花朵和花茎，按下键盘上的+键，复制一个图形，使用选择工具调整其大小，并去掉一些花茎，调整花朵与花茎的图层顺序，效果如右图所示。

步骤 24 使用椭圆工具绘制两个椭圆形，设置填充颜色为白色和冰蓝（C:40、M:0、Y:0 、K:0），设置形状轮廓为"无轮廓"，如下左图所示。

步骤 25 选择绘制出的椭圆形，进行多次复制并调整大小和角度，按Ctrl+G组合键群组对象，并放置在花朵上，最终效果如下右图所示。

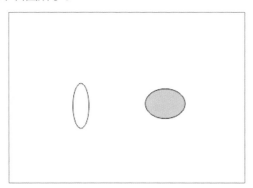

5.1.8　斜角效果

斜角效果是通过使对象的边缘倾斜（切除一角），从而为对象添加三维深度效果。该效果只能应用于闭合的矢量图形和文本对象，不能应用到位图中。

选择对象后，在菜单栏中执行"效果>斜角"命令，打开"斜角"泊坞窗，如下左图所示。然后在该泊坞窗中对斜角效果进行设置，最后单击"应用"按钮即可。斜角效果包括"柔和边缘"和"浮雕"两种样式，如下中、下右图所示。

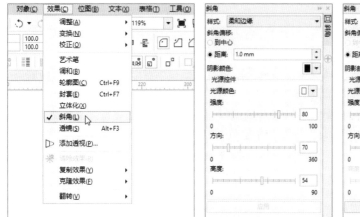

下图所示分别为对闭合的填充图形添加"柔和边缘"斜角效果和为文字添加"浮雕"斜角效果的效果。

5.1.9 透镜效果

透镜效果可更改透镜下方观察区域内对象的外观显示，而不更改对象的实际特性和属性。用户可以为任何矢量对象（如矩形、椭圆形、闭合路径或多边形）应用透镜，也可以用于更改美术字和位图的外观。对矢量对象应用透镜时，透镜本身会变成矢量图像，而如果将透镜放置在位图上，透镜也会变成位图。

选择一个矢量图形，在菜单栏中执行"效果>透镜"命令，打开"透镜"泊坞窗，在"透镜"泊坞窗中选择相应透镜效果并设置相关参数即可。下图为对圆形对象应用不同的透镜效果，通过这些透镜观察下方位图效果。

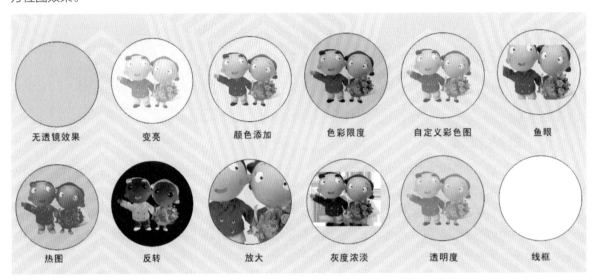

- **无透镜效果：**不添加透镜效果。
- **变亮：**可以使对象区域变亮和变暗，并设置亮度的比率。
- **颜色添加：**可以模拟加色光线模型，透镜下的对象颜色与透镜的颜色相加，就像混合了光线的颜色。可以选择颜色和要添加的颜色量。
- **色彩限度：**仅允许用黑色和透过的透镜颜色查看对象区域，例如若在位图上放置蓝色的颜色限制透镜，则在透镜区域中，将过滤掉除了蓝色和黑色以外的所有颜色。
- **自定义色彩图：**可以将透镜下方对象区域的所有颜色改为介于指定的两种颜色之间的一种颜色。允许选择颜色范围的起始色和结束色，以及两种颜色之间的渐变，渐变在色谱中的路径可以是直线、向前或向后。
- **鱼眼：**可以根据指定的比率扭曲、放大或缩小透镜下方的对象。
- **热图：**可以通过在透镜下方的对象区域中模仿颜色的冷暖度等级，来创建红外图像的效果。
- **反转：**可以将透镜下方的颜色变为CMYK 互补色，互补色是色轮上彼此相对的颜色。
- **放大：**可以按指定的量放大对象上的某个区域，放大透镜覆盖原始对象的填充，使透镜对象看起来是透明的。
- **灰度浓淡：**可以将透镜下方对象区域的颜色变为其等值的灰度，灰度浓淡透镜对于创建深褐色色调效果特别有效。
- **透明度：**可以使对象看起来象着色胶片或彩色玻璃。
- **线框：**可以用所选的轮廓或填充色显示透镜下方的对象区域。例如将轮廓设为黑色，将填充设为白色，则透镜下方的所有区域看上去都具有黑色轮廓和白色填充。

5.1.10 透视效果

添加透视效果是一种只能用于矢量图形的变形效果，选择对象后，在菜单栏中执行"效果>添加透视"命令，此时在对象上将生成透视网格，移动透视网格的节点即可调整透视效果，如下图所示。

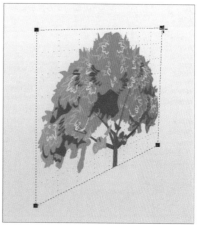

5.1.11 图形效果管理

为图形添加效果后，用户可以对添加的图形效果进行管理。下面将以立体化效果为例，介绍图形效果的清除、复制、克隆和拆分操作，下图为对五角星图形应用立体化的效果。

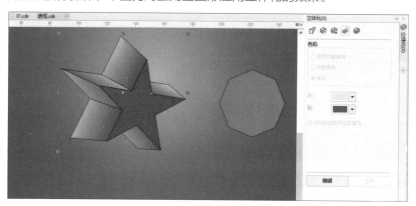

1. 清除效果

选择添加立体化效果的对象，在立体化属性栏中单击"清除立体化"按钮，或者在菜单栏中执行"效果>清除立体化"命令，都可将立体化效果清除，如下图所示。

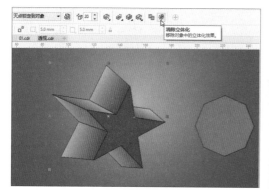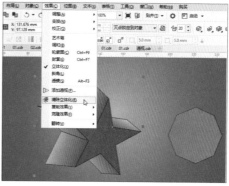

2. 复制效果

选择需要复制立体化效果的对象，在菜单栏中执行"效果>复制效果>立体化自"命令，然后将光标移动到相应对象上单击，即可完成立体化效果的复制，如下图所示。

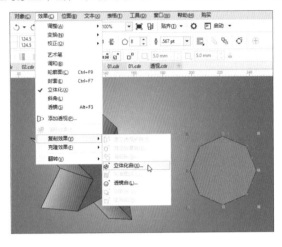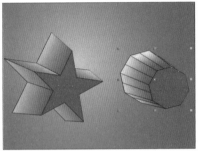

3. 克隆效果

选择需要克隆立体化效果的对象，在菜单栏中执行"效果>克隆效果>立体化自"命令，此时光标变为下左图所示的形状。然后将光标移动到相应对象上并单击，即可完成立体化效果的克隆操作，效果如下右图所示。

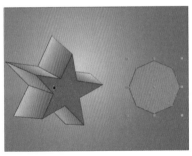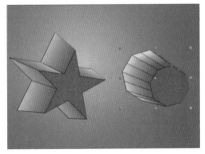

> **提示：复制和克隆效果的区别**
>
> 用户会发现对图形进行复制和克隆立体化效果操作后，其结果并没有区别。如果选择被复制或克隆立体化效果的对象并修改相关参数，用户就会发现应用复制效果的图形对象其效果不随原始图形发生改变，而应用克隆效果的图形对象其效果随原始图形发生改变，如下图所示。
>
>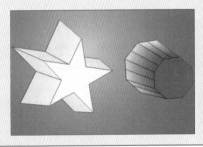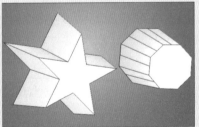

4. 拆分效果

选择应用立体化效果的对象，在菜单栏中执行"对象>拆分立体化群组"命令，即可将对象和立体化效果拆分成两个对象。

5.2 滤镜效果应用

CorelDRAW中包含一系列只能应用于位图对象的多种特殊效果，这些特殊效果常被称为位图的"滤镜"效果。

位图的滤镜效果命令都集中在"位图"菜单的下半部分，包括"三维效果"、"艺术笔触"、"模糊"、"相机"、"颜色转换"、"轮廓图"、"创造性"、"自定义"、"扭曲"、"杂点"、"鲜明化"和"底纹"共12种滤镜效果组，如右图所示。

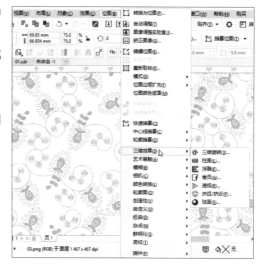

为位图添加滤镜效果的方法简单且操作基本相同，下面以"浮雕"滤镜效果的添加方法为例，来介绍为位图添加特殊效果的操作步骤。

步骤01 选择位图对象，在菜单栏中执行"位图>三维效果>浮雕"命令，如下左图所示。

步骤02 在弹出的"浮雕"对话框中设置相关参数，单击"预览"按钮并观察绘图页面中位图对象的效果变化，完成参数设置后单击"确定"按钮，如下中图所示。

步骤03 为位图设置"浮雕"滤镜的效果如下右图所示。

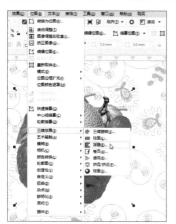

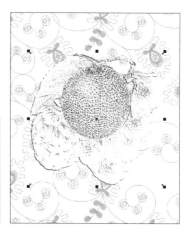

提示：为矢量图形添加滤镜的方法

因滤镜效果只能用于位图对象，故不能直接对矢量图形进行滤镜操作，首先选择矢量图形，在菜单栏中执行"位图>转换为位图"命令，在弹出的"转换为位图"对话框中设置"分辨率"、"颜色模式"等相关参数，最后单击"确定"按钮，即可将矢量对象转换为位图对象，之后才能进行滤镜操作。

5.2.1 三维效果

"三维效果"滤镜组可以在位图对象上创建纵深感，使其呈现出三维变换效果，包括"三维旋转"、"柱面"、"浮雕"、"卷页"、"透视"、"挤远/挤近"和"球面"效果，如下左图所示。下右图为原始图像。

- **三维旋转**：使用"三维旋转"效果可以使平面图像在三维空间内进行旋转，使其产生立体效果，如下左图所示。
- **柱面**：使用"柱面"效果可将位图沿着圆柱体的表面贴上图像，创建出贴图的三维效果，如下中图所示。
- **浮雕**：使用"浮雕"效果可以通过勾画图像的轮廓和降低周围色值来产生视觉上的凹陷或负面突出效果，如下右图所示。

- **卷页**：使用"卷页"效果可以使位图图像四个边角中的一角形成向内卷曲的效果，如下左图所示。
- **透视**：使用"透视"效果调整图像四角的控制点，给位图添加三维透视效果，有"透视"和"切变"两种类型，效果分别如下中图和下右图所示。

- **挤远/挤近**：使用"挤远/挤近"效果可以覆盖图像的中心位置，使图像产生或远或近的距离感，下左图和下中图分别为挤近和挤远效果。
- **球面**：使用"球面"效果可将图像接近中心的像素向各个方向的边缘扩展，且接近边缘的像素可以更紧凑，如下右图所示。

5.2.2 艺术笔触效果

"艺术笔触"滤镜组中的效果是运用手工绘画技巧，将位图塑造成类似绘画的艺术风格。选择一个位图，执行"位图> 艺术笔触"命令，其子菜单中有如下左图所示的14种效果选项，下右图为原始图像。

- **炭笔画**：可以制作出类似使用炭笔绘制图像的效果，如下左图所示。
- **单色蜡笔画**：可创建一种类似使用单色蜡笔或硬铅笔的绘制效果，如下中图所示。
- **蜡笔画**：可将图像绘制为蜡笔效果，但其基本颜色不变，且颜色会分散到图像中去，如下右图所示。

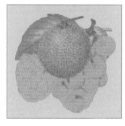

- **立体派**：可将相同颜色的像素组成小的颜色区域，使图像产生立体派油画风格，如下左图所示。
- **印象派**：可模拟类似印象派作品的效果，将图像转换为小块的纯色，如下中图所示。
- **调色刀**：可模拟使用刻刀替换画笔作画效果，图像中相近的颜色相互融合，如下右图所示。

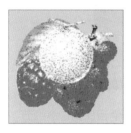

- **彩色蜡笔画**：将图像中的颜色简化打散，制作出蜡笔绘画的效果，如下左图所示。
- **钢笔画**：可使图像生成类似使用灰色钢笔和墨水绘制的素描效果，如下中图所示。
- **点彩派**：可使图像看起来像是使用墨水点创建的由大量的色素点组成的图像效果，如下右图所示。

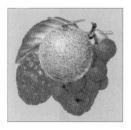

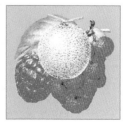

- **木板画**：可使图像产生类似由几层粗糙彩纸或灰纸构成的图像效果，如下左图和下中图所示。
- **素描**：可模拟石墨或彩色铅笔的素描，使图像产生素描画的效果，如下右图所示。

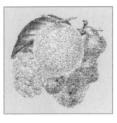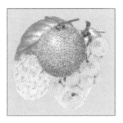

- **水彩画**：可以描绘出图像中景物的形状，同时对图像进行简化、混合、渗透的调整，使其产生水彩画的效果，如下左图所示。
- **水印画**：可为图像创建水彩斑点绘画的效果，如下中图所示。
- **波纹纸画**：可使图像看起来像是在粗糙或有纹理的纸张上绘制的效果，如下右图所示。

5.2.3 模糊效果

使用"模糊"滤镜组中的选项可以使图像产生模糊效果，来模拟移动、杂色或渐变效果，包括"高斯式模糊"、"动态模糊"、"智能模糊"和"缩放效果"等，如下左图所示，下右图为原始图像。

- **定向平滑**：可使图像产生微小的模糊效果，使其渐变区域平滑且保留边缘细节，如下左图所示。
- **高斯式模糊**：可使图像按照高斯分布产生朦胧、模糊的效果，如下中图所示。
- **锯齿状模糊**：可用来校正图像，去掉图像区域中的小斑点或杂点，如下右图所示。

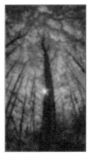

- **低通滤波器：** 只针对图像中的某些元素，用于调整图像中尖锐的边角和细节，使图像的模糊效果更加柔和，如下左图所示。
- **动态模糊：** 可以使图像中的像素沿某一方向上进行线性位移来产生运动模糊效果，使平面图像具有动态感，如下中图所示。
- **放射式模糊：** 可以使图像产生从中心点放射模糊的效果，如下右图所示。

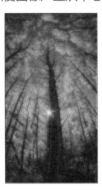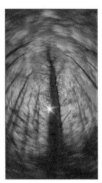

- **平滑：** 可使图像产生一种极为细微的模糊效果，减小相邻像素之间的色调差别，如下左图所示。
- **柔和：** "柔和"效果与"平滑"效果非常相似，都可使图像产生轻微的模糊变化，不影响图像细节。
- **缩放：** 可使图像产生一种使图像中的像素从中心点向外模糊，离中心点越近，模糊效果就越弱，如下中图所示。
- **智能模糊：** 可以有选择性地为画面中的部分像素区域创建模糊效果，如下右图所示。

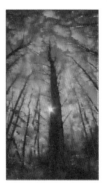

5.2.4　相机效果

使用"相机"滤镜组中的效果选项可以模拟各种相机镜头产生的效果，包括"着色"、"扩散"、"相片过滤器"、"棕褐色色调"和"延时"效果。下图为使用相机效果让相片回归历史，展示多种摄影风格效果。

原始图像　　　着色　　　扩散　　　照片过滤器　　　棕褐色色调　　　延时

5.2.5 颜色转换效果

使用"颜色转换"滤镜组中的效果选项，可以通过减少或替换颜色来创建摄影幻觉效果，包括"位平面"、"半色调"、"梦幻色调"和"曝光"效果，如下图所示。

5.2.6 轮廓图效果

使用"轮廓图"滤镜组中的效果选项，可以突出显示和增强图像的边缘，并将图像中剩余的其它部分转化为中间颜色，包括"边缘检测"、"查找边缘"和"描摹轮廓"3种效果，如下图所示。

实例 制作员工招聘海报

下面将对制作员工招聘海报的具体操作进行介绍，步骤如下。

步骤 01 打开CorelDRAW软件，新建空白文档，如下左图所示。

步骤 02 在工具箱中双击矩形工具，创建一个和页面尺寸等大的矩形，如下右图所示。

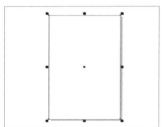

步骤 03 选中绘制的矩形图形，设置填充颜色为土黄（C:8 M:7 Y:18 K:0）到白色的渐变，在属性栏中单击"椭圆形渐变填充"按钮，效果如下左图所示。

步骤 04 执行"文件>导入"命令，在弹出的对话框中选择"帆船.png"素材，单击"导入"按钮，如下右图所示。

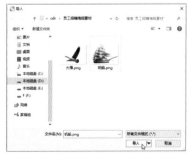

步骤05 选中"帆船"素材，执行"位图>轮廓图>查找边缘"命令，打开"查找边缘"对话框，设置完成后的效果如下左图所示。

步骤06 将"大雁.png"素材导入文档中，按照相同的方法设置查找边缘参数，效果如下右图所示。

步骤07 使用文本工具，在画面中键入文字并设置字体、字号和颜色，将所有文字转换为曲线，完成整个海报的制作，效果如下图所示。

5.2.7 创造性效果

使用"创造性"滤镜组中的效果选项可以对图像应用各种底纹或形状，包括"工艺"、"晶体化"、"织物"、"框架"、"玻璃砖"、"儿童游戏"、"马赛克"、"粒子"、"散开"、"茶色玻璃"、彩色玻璃"、"虚光"、"漩涡"和"天气"效果。下图为应用各种创造性滤镜效果。

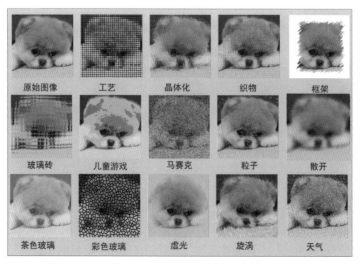

5.2.8 自定义效果

使用"自定义"滤镜组的效果选项可以为图像应用各种自定义效果，如可以通过应用笔刷笔触将图像转换成艺术笔绘画（即Alchemy效果），或者向图像添加底纹和图案（即"凹凸贴图"效果），如下图所示。

5.2.9 扭曲效果

使用"扭曲"滤镜组的效果选项可以使用不同的方式使图像表面变形、扭曲，从而使画面产生特殊的变形效果，包括"块状"、"置换"、"网孔扭曲"、"偏移"、"像素"、"龟纹"、"旋涡"、"平铺"、"湿笔画"、"涡流"和"风吹效果"11种效果。下图为应用各种扭曲滤镜的效果。

5.2.10 杂点效果

使用"杂点"滤镜组的效果选项可以修改图像的颗粒程度，为图像添加像素点或减少像素点，包括"添加杂点"、"最大值"、"中值"、"最小"、"去除龟纹"和"去除杂点"效果，如下图所示。

5.2.11 鲜明化效果

使用"鲜明化"滤镜组的效果选项可以添加鲜明化效果，以突出和强化边缘，使图像看起来更加清晰，包括"适应非鲜明化"、"定向柔化"、"高通滤波器"、"鲜明化"和"非鲜明化遮罩"效果，如下图所示。

5.2.12 底纹效果

使用"底纹"滤镜组的效果选项可以通过模拟各种纹理表面效果，如"鹅卵石"、"折皱"、"蚀刻"、"塑料"、"浮雕"和"石头"表面，来向图像添加底纹效果，如下图所示。

 ## 知识延伸：插件滤镜

在CorelDRAW中，除了系统自带的"三维效果"、"艺术笔触"、"模糊"、"相机"、"颜色转换"、"轮廓图"、"创造性"、"自定义"、"扭曲"、"杂点"、"鲜明化"和"底纹"等12个滤镜组的80多种内置滤镜效果外，CorelDRAW还支持第三方提供的插件滤镜。

这些插件滤镜需在CorelDRAW中插入才能使用，它们多是外挂厂商出品的适应CorelDRAW的滤镜。有些插件滤镜较为实用，能够为用户提供一些特殊的效果，使用方法也较为便捷。各种插件滤镜可根据各自不同的外挂文件进行安装，安装完成后重启系统，打开CorelDRAW并执行"位图>插件"命令，选择安装的滤镜后，即可应用相应的滤镜效果。

上机实训：制作咖啡海报

通过本章知识的学习，读者应该对各种效果的应用有了一定的认识。下面以咖啡海报制作为例，介绍制作和设计过程，希望用户在以后的设计和学习中能够举一反三，具体操作过程如下。

步骤 01 创建空白文档，在工具箱中双击矩形工具以页面大小创建一个矩形，如下左图所示。

步骤 02 执行"文件>导入"命令，在弹出的"导入"对话框中选择所需素材，此处选择"花纹.jpg"素材，单击"导入"按钮，如下右图所示。

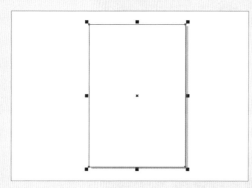
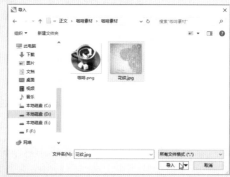

步骤 03 将素材文件导入并选中，执行"对象>PowerClip>置入图文框内部"命令，将素材置入矩形背景后，如下左图所示。

步骤 04 在矩形上单击鼠标右键，在快捷菜单中选择"编辑PowerClip"命令，使用鼠标按住右下角控制点进行拖曳，使素材与矩形对齐，如下右图所示。

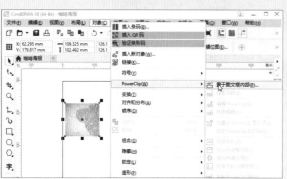

步骤 05 在素材文件上单击鼠标右键，在快捷菜单中选择"结束编辑"命令，效果如下左图所示。

步骤 06 再次打开"导入"对话框，导入"咖啡.png"素材，并调整素材的位置和大小，如下右图所示。

步骤 07 将"咖啡"素材复制一份并拖曳至右侧空白区域，选择原咖啡素材，执行"位图>创造性>虚光"命令，在打开的对话框中选中"正方形"单选按钮，效果如下左图所示。

步骤 08 将复制的咖啡素材移至原咖啡素材上，适当调整素材的大小和位置，使其更生动形象，效果如下右图所示。

步骤 09 选择文本工具，在属性栏中设置合适的字体和字号，在画面左上角键入文字，并设置文本方向为垂直方向，如下左图所示。

步骤 10 选中花纹素材，执行"位图>相机>棕褐色色调"命令，打开"棕褐色色调"对话框，设置"老化量"值为50，单击"确定"按钮，如下右图所示。

步骤 11 然后单击鼠标右键，执行"结束编辑"命令，可见"花纹"素材图片与咖啡主题更好地融合在一起，效果如下左图所示。

步骤 12 选择所有的文字，单击鼠标右键，在快捷菜单中选择"转换为曲线"命令，以便于文字的保存，至此咖啡海报设计完成，效果如下右图所示。

课后练习

1. 选择题

（1）既可用于矢量对象，也可用于位图对象的工具是（　　）。

　　A. 调和工具　　　　　　　　　　B. 阴影工具

　　C. 封套工具　　　　　　　　　　D. 轮廓图工具

（2）打开"轮廓图"泊坞窗的快捷键是（　　）。

　　A. Ctrl+F7　　　　　　　　　　B. Ctrl+E

　　C. Ctrl+F9　　　　　　　　　　D. Ctrl+B

（3）"三维效果"滤镜组中的（　　）效果，可使位图图像四个边角中的一角生成向内卷曲的效果。

　　A. 三维旋转　　　　　　　　　　B. 卷页

　　C. 浮雕　　　　　　　　　　　　D. 柱面

（4）"自定义"滤镜组中包括（　　）和（　　）2种自定义效果。

　　A. 折皱、浮雕　　　　　　　　　B. 风吹效果、彩色玻璃

　　C. 马赛克　　　　　　　　　　　D. Alchemy、凹凸贴图

2. 填空题

（1）在菜单栏中执行"效果>透镜"命令，或是按下＿＿＿＿＿组合键，可打开"透镜"泊坞窗。

（2）选中一个矢量图形，执行"效果>透镜"命令后，透过该图形只改变其下方区域内对象的＿＿＿＿＿，而不更改对象的实际特性和属性。

（3）"变形工具"中有＿＿＿＿＿、＿＿＿＿＿和＿＿＿＿＿3种变形效果。

（4）"模糊"滤镜组包括"定向平滑"、＿＿＿＿＿＿＿和＿＿＿＿＿10种模糊效果。

3. 上机题

　　综合运用本章学习的多种工具的使用，结合实例文件中提供的素材文件，制作一款邀请函封面设计，具体效果如下图所示。

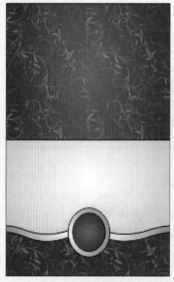 

Chapter 06 文字与表格操作

本章概述

在CorelDRAW中进行作品设计时，文字和表格是很重要的部分。用户可根据需要创建丰富多彩的文字效果，也可制作更具说服力的表格。本章主要介绍文本输入、编辑和编排及表格的创建、编辑等内容。

核心知识点

❶ 了解文本的类型
❷ 熟悉文本的编辑
❸ 熟悉表格的编辑
❹ 掌握文本和表格的应用

6.1 文本创建与编辑

文字是信息交流的重要沟通手段，是平面设计或图像处理中不可或缺的元素之一。在使用CorelDRAW进行图形图像处理时，适当添加文本内容可达到图文并茂的效果。本小节主要介绍美术文本和段落文本的创建、文本属性及文本效果的设置等内容。

6.1.1 文本的输入

文本在平面设计中主要起到解释说明的作用，在CorelDRAW中，文本分为美术字和段落文本两种。美术字具有矢量图的属性，当需要输入少数文字时可使用美术字；段落文本一般适用于需要较大篇幅的文字或对格式要求更高的文本。

1. 文本工具

在CorelDRAW中输入文本时，需要使用工具箱中的文本工具，用户可以在文本工具属性栏中对文本的格式进行设置。选择工具箱中的文本工具，其属性栏如下图所示。

文本工具属性栏中各参数含义介绍如下。

- **水平镜像**和**垂直镜像**：单击相应的按钮，可将选中的文字进行水平或垂直方向上镜像调整。
- **字体列表**：单击该下拉按钮，在打开的列表中选择文字的字体，即可为选中的文本应用该字体。
- **字体大小**：在下拉列表中选择所需字号选项或在数值框中输入数值，从而调整文字的大小。
- **字体效果**：从左到右依次为粗体、斜体和下划线设置按钮，用户可以根据需要单击相应的按钮，即可应用相应的样式，再次单击该按钮可取消应用该样式。
- **文本对齐**：单击该按钮，下拉列表中包括无、左、居中、右、全部调整和强制调整几种对齐方式，选择相应的选项即可调整文本的对齐方式。
- **项目符号列表**：在输入段落文本后激活该按钮，单击即可为选中文本添加项目符号，再次单击该按钮即可取消项目符号的添加。
- **首字下沉**：在输入段落文本后激活该按钮，单击即可显示首字下沉效果，再次单击该按钮即可取消其应用。
- **文本属性**：单击该按钮打开"文本属性"泊坞窗，对文字的属性进行调整，如下图所示。

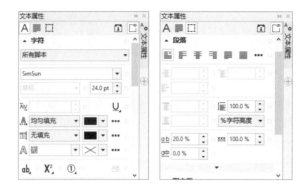

- **编辑文本** ^{abl}：单击该按钮打开"编辑文本"对话框，在对话框中可以输入文字，也可以设置文字的大小、字体和属性。
- **文本方向** ⊟ ⊞：单击相应的按钮，可调整选中文字的方向。
- **交互式OpenType** O：当某种OpenType功能用于选定的文本时，在屏幕上显示指示。

2. 美术文本

美术文本用于在版面中输入少量的文本，又称为美术字。在输入美术文本时，如需换行必须按Enter键执行换行，否则不会自动换行。

在工具箱中选择文本工具 **字**，在页面内适当位置单击鼠标左键，创建一个文本插入点，如下左图所示。然后输入文本，所输入的文字即为美术字，如下右图所示。

如果需要换行输入，则按Enter键，文本插入点自动换至下一行，如下左图所示。然后输入文本即可，如下右图所示。

3. 段落文本

设计平面作品时，若需要输入很多的说明文字，最好使用段落文本。段落文本不但方便输入大量文字，还方便编排操作。

在工具箱中选择文本工具，在页面中按住鼠标左键，拖曳至合适位置后释放鼠标即可创建文本框，如下左图所示。在文本框中输入段落文本，如下右图所示。段落文本会根据创建文本框的大小、长宽自动换行。若调整文本框的长宽，文字的版式也会发生变化。

实例 制作世界读书日海报

4月23日是世界读书日，本案例将使用文本工具制作读书日的宣传海报。在本案例中将用到美术文本和段落文本的相关知识，具体步骤如下。

步骤 01 打开CorelDRAW X8软件，新建空白文档，设置名称为"世界读书日海报"，设置文档的宽度和高度为150和100，单击"确定"按钮，如下左图所示。

步骤 02 执行"文件>导入"操作，在打开的"导入"对话框中选中"水墨.jpg"图片，单击"导入"按钮，在页面中适当调整图片大小，如下右图所示。

步骤 03 使用矩形工具在页面顶端中间位置绘制一个长方形，如下左图所示。

步骤 04 设置矩形的填充颜色，并设置矩形为无边框，如下右图所示。

步骤 05 使用文本工具创建美术字，在矩形中输入文本，调整美术字大小，如下左图所示。

步骤 06 在文本工具属性栏中设置美术字的字体为"文鼎中特广告体"，如下右图所示。

步骤 07 选中输入的美术字，设置字体颜色为洋红，如下左图所示。

步骤 08 使用文本工具在页面左上角输入"世界"文本，并调整好文字的位置和大小，如下右图所示。

步骤 09 选中输入的美术字，在属性栏中单击"将文本更改为垂直方向"按钮，如下左图所示。

步骤 10 单击文本工具属性栏中"水平镜像"按钮，效果如下右图所示。

步骤 11 在页面中输入其他美术字，如下左图所示。

步骤 12 在页面左下角使用椭圆形工具，按Ctrl键绘制正圆形，并设置填充颜色，如下右图所示。

步骤 13 复制4个正圆形，调整好位置。加选所有圆形，执行"窗口>泊坞窗>对齐与分布"命令，如下左图所示。

步骤 14 在打开的泊坞窗中单击"顶端对齐"和"水平分散排列中心"按钮，效果如下右图所示。

步骤 15 使用文本工具在圆形形状中输入相关的文字，并设置文字的属性，如下左图所示。

步骤 16 调整圆形形状中文字为居中显示，如下右图所示。

步骤 17 使用文本工具，在页面右下角绘制文本框，如下左图所示。

步骤 18 在文本框中输入文本，并设置文本格式，作品制作完成，效果如下右图所示。

4. 路径文本

路径文本是沿着路径创建的一种文字形式，使文字依附于路径进行排列，从而得到一种特殊的效果。首先需要绘制路径，然后选择文本工具，将光标移至路径上单击，即可添加文本插入点，如下左图所示。然后输入文字，可见文字沿着路径排列，如下右图所示。

创建路径文本还有另外一种方法，首先绘制路径，使用文本工具在页面任意位置输入一段文字，然后使用选择工具将路径和文字选中，最后执行"文本>使文本适合路径"命令，即可创建路径文本。

当处于路径文本输入状态时，在文本工具的属性栏中可以设置文字方向、距离、偏移、字体和字号等参数，属性栏如下图所示。

- **文本方向** 系统提供5种文字的方向，单击该下拉按钮，在列表中选择需要的方向。
- **与路径的距离** ：设置文本与路径的距离。当数值为正时文本向路径之外的距离变大；数值为负时文本向路径内距离变大。
- **偏移** ：设置文本在路径上的位置，当数值为正时文本靠近路径的终点；数值为负时文本接近路径的起点。
- **水平镜像文本** ：将路径文本从左向右翻转。
- **垂直镜像文本** ：将路径文本从上向下翻转。
- **贴齐标记** ：指定贴齐文本到路径的间距增量。

5. 区域文本

区域文本是在封闭的图形内创建的文本，可以是规则的图形，也可以是不规则的图形。首先需要绘制一个封闭的图形，如下左图所示。在工具箱中选择文本工具，将光标移至封闭的图形内单击，然后输入文字，输入时会自动换行，如下右图所示。

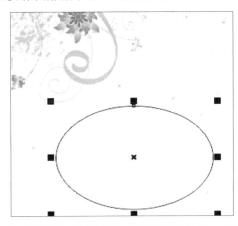 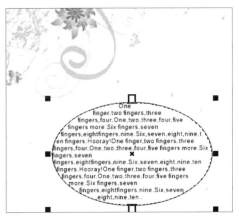

提示：美术文本和段落文本的转换

若需要将美术文本转换为段落文本，首先选中美术文本，然后单击鼠标右键，在快捷菜单中选择"转换为段落文本"命令即可。也可以执行"文本>转换为段落文本"命令，还可以直接按Ctrl+F8组合键进行转换。

若需要将段落文本转换为美术文本，操作方法和以上介绍一样，此处不再赘述。

6.1.2　文本编辑

在页面中无论输入美术文本还是段落文本，都可以对其进行编辑和属性设置。文本属性栏提供了对文本最基本的编辑操作，本节还将介绍利用形状工具调整文本和段落等设置。

1. 使用形状工具调整文本

使用形状工具调整文本，可以对每个文字进行编辑，如间距、格式和大小等。使用形状工具选择作品中的文本，每个文字的左下角将出现一个白色的小方块，小方块被称为控制节点，当单击白色小方块时，控制节点变了黑色，即可在属性栏中对选中的文字进行编辑，设置字体，字号、偏移以及文字的角度，如下左图所示。选中某字符右下角控制节点，按住鼠标左键进行拖曳调整该字符的位置，如下右图所示。

使用形状工具选中文本时，左下角会出现垂直间距箭头，将光标移至该箭头上单击，光标变为上下方向箭头时进行拖曳，可按比例更改行距，如下左图所示。按照同样的方法拖曳水平间距箭头，可按比例更改字符间的间距，如下右图所示。

提示：形状工具属性栏

使用形状工具选中字符后，在属性工具栏中可设置文字的格式，属性工具栏如下图所示。

| 创艺简隶书 ▼ | 1,350 pt ▼ | B *I* U | ×⊣ 0 % ⬥ | Yᵀ 0 % ⬥ | ab 0.0 ° ⬥ | X² X₂ | A̅B AB | A꜀ |

在属性工具栏中除了可以设置文字的字体、字号、粗体、斜体、下划线外，还可以设置实际字符的水平偏移、垂直偏移和旋转的角度等。

---

2. 设置字符样式

用户可以在"文本属性"泊坞窗中更充分地设置文本字符属性，在文本属性栏中单击"文本属性"按钮，或者执行"窗口>泊坞窗>文本>文本属性"命令，即可打开"文本属性"泊坞窗，单击"字符"前下三角按钮，即可显示所有设置字符的参数，如下图所示。

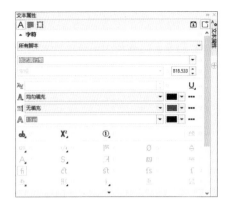

字符面板各参数含义介绍如下。

- **脚本 所有脚本**：单击该下三角按钮，在列表中选择限制文本类型的选项，包括拉丁文、亚洲、中东和所有脚本。
- **下划线 U**：设置下划线的样式，单击该按钮，在列表中选择下划线的样式。
- **字距调整范围 ﹡**：设置选中字符之间的间距，可以在数值框中输入数值，也可以单击微调按钮设置。
- **填充类型 A**：用于设置选中字符的填充颜色，单击右侧下三角按钮，在列表中选择填充的类型，如均匀填充、渐变填充、双色图样等。再单击"文本颜色"下三角按钮，在打开的颜色面板中设置文字填充的颜色。
- **背景填充类型 ﹡**：设置背景的填充颜色，单击右侧下三角按钮，选择背景填充的类型。
- **轮廓宽度 A**：可以在下拉列表中选择预设的宽度值作为文本的轮廓宽度，也可以在数值框中输入宽度值。然后单击"轮廓颜色"下三角按钮，设置轮廓的颜色。
- **大写字母 ab**：设置字母或英文文本为大写字母或小型大写字母，单击该按钮，下拉列表中包含全部大写字母、标题大写字母、小型大写字母和全部小型大写字母等选项。
- **位置 X²**：更改选定字符相对于周转字符的位置。

3. 设置段落样式

在CorelDRAW中除了设置文本的格式外，还可以设置段落的格式，如文字的间距、行距等段落属性。在文本属性栏中单击"文本属性"按钮，或者执行"窗口>泊坞窗>文本>文本属性"命令，即可打开"文本属性"泊坞窗，单击"段落"按钮，打开段落面板，如下图所示。

段落面板各参数含义介绍如下。

- **段落对齐方式**：在该区域可以设置段落的对齐方式，包括无水平对齐、左对齐、居中、右对齐、两端对齐和强制两端对齐。
- **左行缩进 ﹡**：设置段落文本相对于文本框左侧的缩进距离，首行除外。

- **首行缩进** ：设置段落中首行相对于文本框左侧的缩进距离。
- **右行缩进** ：设置段落文本相对于文本框右侧的缩进距离。
- **段前间距** ：指定在段落上方插入的间距值，单击微调按钮或输入数值。
- **段后间距** ：指定在段落下方插入的间距值。
- **行间距** ：设置段落中各行之间的距离。
- **垂直间距单位** ：设置文本间距的度量单位，在列表中包含"%字符高度"、"点"和"点大小的%"3个选项。
- **字符间距** ：设置段落文本中字符之间的距离。
- **字间距** ：指定单个字之间的距离。
- **语言间距** ：控制文档中多语言文本之间的距离。

4. 设置分栏样式

如果对大量的文字进行编辑时，可以对文本进行分栏设置，使文本更加容易阅读。执行"文本>栏"命令，打开"栏设置"对话框，如下图所示。

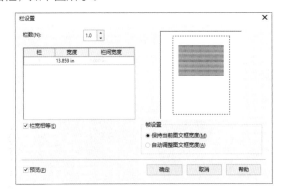

该对话框中各参数含义介绍如下。

- **栏数**：设置段落文本分栏的数量，在列表中可以设置各分栏的宽度和栏间宽度，若勾选"栏宽相等"复选框，可以设置各栏相等宽度。
- **保持当前图文框宽度**：选中该单选按钮后，保持分栏后文本框宽度不变。
- **自动设置文本框宽度**：选中该单选按钮后，当段落文本进行分栏设置时，可根据设置的栏宽自动调整文本框的宽度。

5. 矫正文本角度

如果对更改角度的文字进行恢复操作，选中需要矫正的文本，如下左图所示。执行"文本>矫正文本"命令，效果如下右图所示。

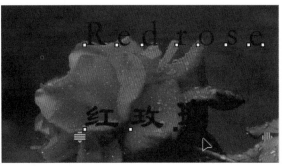

6. 设置图文框样式

在CorelDRAW中输入段落文本后，用户可以根据需要设置文本的填充颜色、分栏以及对齐方式。执行"文本>文本属性"命令，打开"文本属性"泊坞窗，单击"图文框"按钮，如下图所示。

图文框面板中各参数的含义介绍如下。

- **背景颜色 Ⓐ**：设置文本框的背景颜色，单击下三角按钮，在打开的颜色面板中选择所需颜色即可。
- **与基线网格对齐 Ⓐ**：将文本框中的文本与文本框的基线对齐。
- **对齐方式 Ⓔ**：设置文本和文本框的对齐方式，单击该按钮，下拉列表中包括顶端垂直对齐、居中垂直对齐、底部垂直对齐和上下垂直对齐4个选项，下左图为居中垂直对齐的文本效果。
- **文本方向 Ⓔ**：设置文本框中文本的方向，包括水平和垂直两种，下右图为垂直对齐的文本效果。

7. 将文本转换为曲线

文本对象是一种特殊的矢量对象，虽然可以更改文本的属性，但是不能直接调整文本的形状。将文本转换为曲线，然后再进行变形操作，在一定程度上扩充了文本的编辑操作，使文本可以制作出特殊的效果。

首先选中文本并单击鼠标右键，在快捷菜单中选择"转换为曲线"命令，即可将文本转换为曲线，在选中的文字上将出现节点，如下左图所示。使用形状工具对节点进行拖曳调整文本的形状，制作特殊的效果，如下右图所示。

6.1.3 应用文本样式

在CorelDRAW中，用户可以为文本应用样式，达到快速设置文本属性的目的，在需要编辑大量文本时，可提高工作效率。

1. 创建文本样式

在应用文本样式之前，用户需要创建文本样式，首先选中文本，单击鼠标右键，选择"对象样式>从以下项新建样式>字符"命令，打开"从以下项新建样式"对话框，保持默认设置，单击"确定"按钮，如下左图所示。打开"对象样式"泊坞窗，选中刚才创建的样式，在"字符"面板中设置文本的属性，该设置会应用到选中的文本上，而且还会被定义为样式，以便其他文本使用，如下右图所示。

> **提示：创建文本样式的其他方法**
>
> 除了上述介绍的创建文本样式的方法外，用户还可以根据以下操作创建文本样式。执行"窗口>泊坞窗>对象样式"命令，打开"对象样式"泊坞窗，单击样式右侧"新建样式"按钮，在列表中选择"字符"选项，在"样式"列表中自动创建样式名称，设置文本样式即可。

2. 套用文本样式

文本样式创建完成后，若其他文本需要应用相同的样式，用户可直接套用，即省时又省力。选中需要套用文本样式的文本，执行"窗口>泊坞窗>对象样式"命令，打开"对象样式"泊坞窗，选择需要应用的文本样式，然后单击"应用于选定对象"按钮，如下左图所示。关闭泊坞窗，可见选中的文本套用之前存储的样式，如下右图所示。

6.2 表格创建与编辑

表格在日常工作生活中应用比较广泛，很多软件都有表格功能，CorelDRAW也不例外。使用表格可以很清晰地展示数据，还可以将表格应用到设计作品中。本节主要介绍表格的创建、编辑以及样式设置等内容。

6.2.1 表格的创建

在 CorelDRAW 中创建表格主要有两种方法，一种是使用表格工具创建，另一种是使用菜单命令创建。

1. 使用表格工具创建

在工具箱中长按文本工具按钮，在列表中选择表格工具，将光标移至页面中，光标会变为 形状，如下左图所示。按住鼠标左键并拖曳，即可创建空白的表格，如下右图所示。

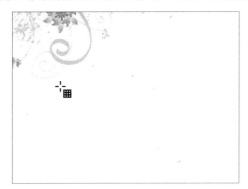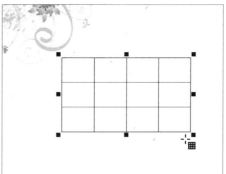

2. 使用菜单命令创建

执行"表格>创建新表格"命令，打开"创建新表格"对话框，然后设置表格的行数、栏数、高度以及宽度值，设置完成后单击"确定"按钮，如下左图所示。在页面中创建表格，拖动控制点，调整表格的大小，如下右图所示。

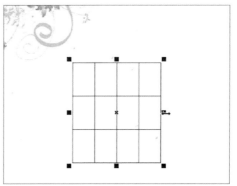

> **提示：将文本转换为表格**
>
> 在CorelDRAW中还可以将文本创建成表格，首先在页面中创建段落文本，并输入文字，文本之间用逗号隔开，逗号为英文半角状态下输入，如下左图所示。选中创建的段落文本，执行"表格>将文本转换为表格"命令，打开"将文本转换为表格"对话框，选中"逗号"单选按钮，单击"确定"按钮。将文本转换为表格的效果如下右图所示。
>
> 用户也可将表格转换为文本，选中表格，执行"表格>将表格转换为文本"命令，在打开的对话框中设置单元格文本分隔的依据，单击"确定"按钮即可。

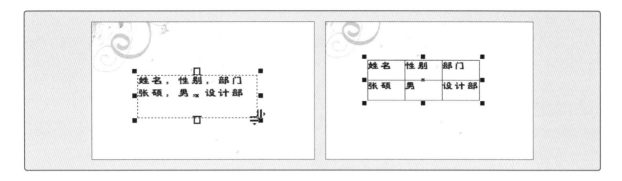

6.2.2　表格的设置

表格创建完成后，用户可以根据需要对表格的相关属性进行设置，当选择表格中的单元格后，还可以对单元格进行设置。

1. 表格属性设置

创建表格后，用户可以在属性工具栏中设置表格的行数、列数、填充颜色，边框样式等属性，表格属性工具栏如下图所示。

表格属性工具栏各参数含义介绍如下。

- **行数和列数**：设置表格的行数和列数。
- **背景**：设置表格的背景填充颜色，单击"填充色"下三角按钮，选择颜色即可。下左图为设置背景颜色C为35、M为89、Y为78、K为2的效果。
- **编辑填充**：单击该按钮，打开"编辑填充"对话框，选择填充的类型，并设置填充效果。填充类型包含均匀填充、渐变填充、向量图样填充、位图图样填充、双色图样填充、底纹填充和PostScript填充选项。
- **边框宽度**：在列表中可以选择预设的边框宽度，也可以在数值框中输入宽度值。
- **边框选择**：用于设置表格边框的部分，如内部、外部、顶部和底部等。
- **轮廓颜色**：设置边框的颜色，单击该下拉按钮，选择轮廓的颜色。下右图为设置轮廓颜色C为70、M为0、Y为34、K为0的效果。

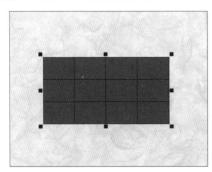 

- **选项**：设置是否在键入数据时自动调整单元格大小，或单独的单元格边框。
- **文本换行**：设置段落文本环绕对象的样式和偏移距离。单击该按钮，在列表中选择环绕的样式，包括文本从左向右排列、文本从右向左排列和跨式文本等选项。

2. 单元格属性设置

选择表格中单元格时，用户可以在属性栏中设置单元格的属性。使用形状工具，选中单元格后，单元格的属性栏如下图所示。

单元格属性栏中参数的含义介绍如下。

- **页边距** 页边距 ▾：设置选中单元格内的文字至4个边的距离。单击该按钮，在列表中设置顶部和底部页边距，左侧和右侧页边距。
- **合并单元格** 圕：单击该按钮，将选中的单元格合并为一个大单元格，如下左图所示。
- **水平拆分单元格** ▭：单击该按钮，打开"拆分单元格"对话框，设置将单元格拆分的行数。
- **垂直拆分单元格** ▯：单击该按钮，打开"拆分单元格"对话框，设置将单元格拆分的栏数，下右图为将选中单元格分为3栏的效果。
- **撤销合并** 圕：选中合并的单元格，激活并单击该按钮，撤销单元格的合并。

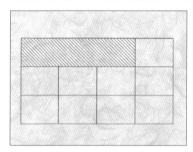
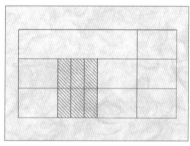

提示：单元格的选择方法

用户可根据需要选择单个单元格，也可以选择多个连续或不连续的单元格，下面介绍选择单元格的方法。使用表格工具，将光标移至需要选中单元格上并单击，即可选中该单元格。如果按住鼠标左键并拖曳可选择连续的单元格，如下左图所示。如果按住Ctrl键不放，依次单击可选中不连续的单元格，如下右图所示。

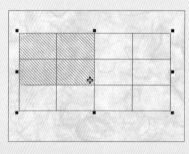
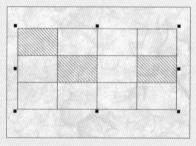

移动光标至表格左侧，当光标变为向右的黑色箭头时单击，即可选中该行，如下图所示；若按住鼠标拖曳，可选中多行；按住Ctrl键依次单击，可选中不连续的行。

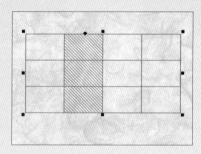

6.2.3 表格的编辑

表格创建完成后，默认表格中的单元格大小相同，用户可以根据需要对表格进行编辑，如插入行、删除单元格，设置表格分布以及应用表格样式等。

1. 插入行/列

用户可以根据需要为表格添加行或列，选中某单元格，执行"表格>插入>行上方"命令，即可在选中的单元格上方插入一行，如下左图所示。插入列的方法和插入行类似，选中单元格，执行"表格>插入>列左侧"命令，在选中单元格左侧插入一列，如下右图所示。

用户可以根据需要插入多行/多列，选中单元格并右击，在快捷菜单中选择"插入>插入行"命令，打开"插入行"对话框，在对话框中设置需要插入的行数和插入的位置，单击"确定"按钮，如下左图所示。即可在选定的单元格上方插入两行，如下右图所示。插入多列的方法与之相同，此处不再赘述。

提示：根据选定的单元格确定插入行数或列数

用户可以根据选择单元格的数量，来执行插入的行数或列数。选中同一列相邻的两个单元格，执行"表格>插入>行上方"命令，即可在选中单元格上方插入两行。若选中同一行相邻的两个单元格，执行插入列命令，可插入两列。

用户也可以同时插入不相邻的多行或多列，按住Ctrl键在同一列中选择不相邻的单元格，如下左图所示。执行"表格>插入>行上方"命令，即可同时插入不相邻的两行，如下右图所示。

2. 删除行/列

要删除表格是行/列，则使用形状工具选中需要删除的单元格，然后执行"表格>删除>行"命令，即可删除选中单元格所在的行。若要删除列，则执行"表格>删除>列"命令即可。

若需要删除整个表格，选中表格内任意单元格，执行"表格>删除>表格"命令，即可删除表格。用户也可以选中表格直接按Delete键，将其删除。

3. 移动边框位置

创建表格后，表格中的行高和列宽都是一样的，用户可以根据需要调整行高或列宽。使用表格工具，将光标移至表格的边框上，当光标变为水平或垂直双箭头时，按住鼠标左键并拖曳，可调整边框的位置，如下左图所示。将光标移至两条边框交叉处，光标变为斜双箭头时，按住鼠标左键进行拖曳，可同时调整两条边框的位置，如下右图所示。

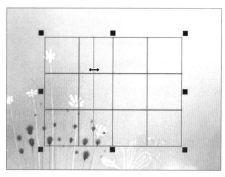 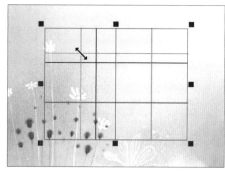

提示：平均分布行/列

调整各边框的位置后，各单元格的大小不同，可以使用分布功能进行调整。选中表格中任意行，如下左图所示。执行"表格>分布>列均分"命令，表格中将列平均分配，如下右图所示。等分行的方法是，选中任意列，执行"表格>分布>行均分"命令即可。

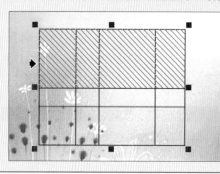 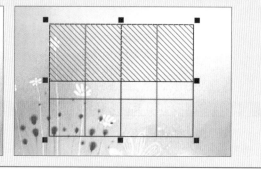

4. 设置表格背景

为了使表格更美观，用户可以为其添加背景颜色，使用选择工具选中表格，在调色板中单击合适的色块，或单击属性栏中"背景"下三角按钮，然后选择颜色。

使用形状工具，按住Crtl键的同时选择单元格，然后根据以上方法可以为选中的单元格添加背景，如右图所示。

知识延伸：段落文本的链接

在CorelDRAW中，文本的编排和链接是比较常用的操作。下面将介绍文本和文本之间链接，以及文本和图形之间链接的方法。

1. 段落文本之间的链接

对两个段落文本之间创建链接，首先按住Shift键，使用选择工具选中两个文本框，如下左图所示。先选中的文本框将被链接至后选中的文本框，执行"文本>段落文本框>链接"命令，即可将两个文本框创建链接，调整任意文本框的大小，可调整两个文本框中文字的显示效果，如下右图所示。

2. 文本与图形之间的链接

文本与图形链接，可以将文本框中显示不全的文本在图形中显示，其方法是：将光标移至文本框下方的控制点，当光标变为双箭头时单击，此时光标将变为黑色单箭头形状，如下左图所示。将光标移至需要链接的形状上，光标变为向右黑色箭头时单击，即可创建链接，如下右图所示。

 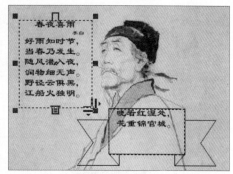

如果需要断开链接，则按住Shift键选中创建链接的文本框或图形，执行"文本>段落文本框>断开链接"命令即可，断开链接后，文本框中的内容是断开链接前的效果，如右图所示。文本与文本之间断开链接的操作与之相同，此处不再赘述。

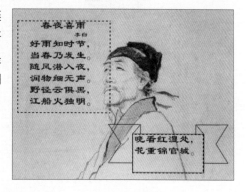

上机实训：制作鸡年台历

　　本案例将以鸡年为切入点，创建台历。通过本案例的练习，可在巩固本章学习的知识，如美术文本应用、文本格式设置、插入表格、设置表格的边框等。

步骤01 新建空白文档并命名为"鸡年台历"，使用矩形工具创建与页面重合的矩形，如下左图所示。

步骤02 执行"文件>导入"命令，在打开的对话框选择"鸡.jpg"素材，单击"导入"按钮，如下右图所示。

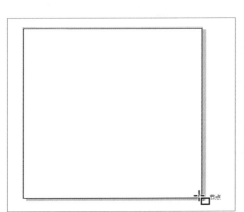
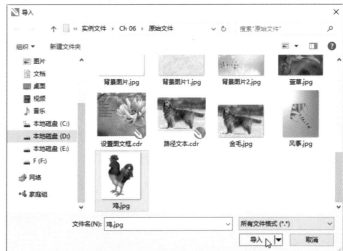

步骤03 将图片放置在页面右下角，使用选择工具调整其大小和位置，如下左图所示。

步骤04 使用表格工具在鸡身上创建表格，在属性栏中设置表格的行数和列数，如下右图所示。

步骤05 使用选择工具，双击表格选中旋转控制点并拖动鼠标旋转表格，如下左图所示。

步骤06 在表格属性工具栏中，设置"边框选择"为"外部"，设置"轮廓宽度"为"无"，如下右图所示。

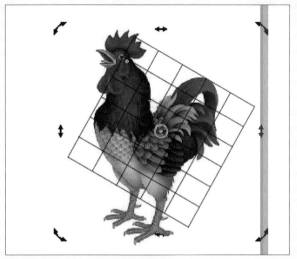 

步骤 07 继续设置"边框选择"为"内部",设置"轮廓宽度"为2.0pt,设置"轮廓颜色"为白色,如下左图所示。

步骤 08 使用椭圆工具,在页面右上角绘制正圆,然后复制出4个正圆并选中,单击属性栏中的"对齐与分布"按钮,在打开的泊坞窗中进行所需设置,效果如下右图所示。

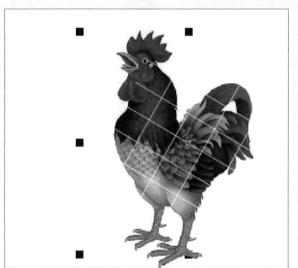 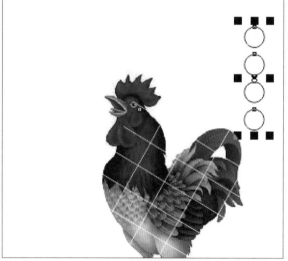

步骤 09 使用文本工具在正圆形状中输入文字,设置椭圆为无边框,填充颜色为红色,为文字填充白色,如右图所示。

步骤 10 使用文本工具在右上角输入文字，单击属性栏中"将文本更改为垂直方向"按钮，设置文字颜色为红色，如右图所示。

步骤 11 将"灯笼.jpg"素材导入页面左上角，可见导入的图片背景与设计作品背景不协调，如下左图所示。

步骤 12 执行"位图>位图颜色遮罩"命令，在打开的泊坞窗中选中"隐藏颜色"单选按钮，勾选第一个色块，使用吸管吸取背景色，如下右图所示。

步骤 13 然后在泊坞窗中拖动滑块设置相似值，单击"应用"按钮，可见图片的背景颜色已经去除了，如下左图所示。

步骤 14 使用表格工具在页面的左下角绘制7行7列的表格，并适当调整表格大小和位置，效果如下右图所示。

步骤 15 选中表格第一行，单击属性栏中"合并单元格"按钮，然后输入月份，在单元格中输入4月的日期排列，如下左图所示。

步骤 16 将非本月的日期字体颜色设置为灰色，使用选择工具选择表格，设置"边框选择"为"全部"，设置"轮廓宽度"为"无"，如下右图所示。

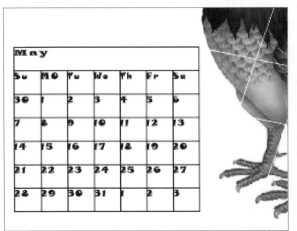

步骤 17 使用文本工具在表格上方输入2017文本，设置文字颜色、大小，并在"文本属性"泊坞窗设置渐变填充效果，如下左图所示。

步骤 18 然后执行保存操作，至此鸡年台历制作完成，最终效果如下右图所示。

课后练习

1. 选择题

（1）使用文本工具，在页面中单击输入的文本被称为（　　）。

　　A. 路径文本　　　　　　　　　　　　B. 段落文本

　　C. 美术文本　　　　　　　　　　　　D. 区域文本

（2）设置段落文本为居中对齐的快捷键为（　　）。

　　A. Ctrl+N　　　　　　　　　　　　 B. Ctrl+E

　　C. Ctrl+J　　　　　　　　　　　　 D. Ctrl+P

（3）选中需要合并的单元格后，执行（　　）操作不可以合并单元格。

　　A. 在右键菜单中选择"合并单元格"命令　　B. 按Ctrl+M快捷键

　　C. 单击属性栏中"合并单元格"按钮　　　　D. 执行"编辑>合并单元格"命令

2. 填空题

（1）创建路径文本后，如果需要使文本靠近路径的起始点，用户可设置_____参数，并将数值设置为_____。

（2）使用文本工具在页面中绘制文本框并输入文字，被称为_____文本。

（3）创建表格后，需要单独设置表格外边框的样式时，在表格工具属性栏中单击_____按钮，在下拉列表中选择_____选项。

（4）在表格中插入位图时，按住鼠标右键将位图拖曳至单元格内时，释放鼠标会弹出快捷菜单，选择_____命令可将图片置入到单元格中。

3. 上机题

　　本章学习了文本和表格的相关知识，课后应当多加练习能够熟练掌握相关知识，并能应用到设计作品中。用户可参照以下两张图制作象棋棋盘图形来巩固所学的知识。

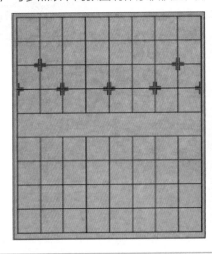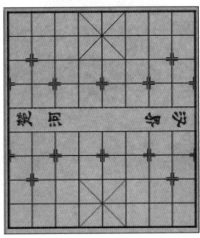

Part 02

综合案例篇

综合案例篇共5章内容,通过这些案例的实际操作,使我们可以对CorelDRAW X8在各个设计领域的应用有实质性的了解,并且可以达到运用自如、融会贯通的学习目的。

▌Chapter 07　名片设计　　　　　▌Chapter 08　Logo设计
▌Chapter 09　海报设计　　　　　▌Chapter 10　DM单页设计
▌Chapter 11　书籍装帧设计

Chapter 07　名片设计

本章概述

名片，是人与人相互认识的媒介。通过名片我们可以直观地向他人推销自己或者推销所在的企业。名片的作用不仅在于传达个人信息，更在于体现个人或企业的形象。本章将详细介绍如何设计识别性强又具艺术特色的名片。

核心知识点

❶ 了解名片制作的工艺
❷ 熟悉简单的字体设计
❸ 掌握名片设计流程
❹ 熟练应用矩形工具

7.1　名片设计介绍

名片是人与人之间相互认识、自我介绍最快最有效的方式。在现代商业交往以及个人交际过程中，设计美观、制作精良的名片，不单单是自我介绍的一种方式，同时也是企业形象和个人身份的象征。本节将对名片的应用领域、设计要素、印刷工艺以及规格大小进行介绍。

7.1.1　名片设计应用领域

在当今数字化信息时代中，作为传递信息的载体，名片在各个领域的应用都起到不可或缺的作用。在进行名片设计时，我们可以将其应用的领域分门别类，以便设计的时候有明确的方向。

1. 商业领域

该类名片服务于公司或企业所进行的业务活动，大多以营利为目的，使用的名片一般都包含标志、注册商标以及企业业务范围等，没有家庭或私人信息。商业名片的主要特点为：版式比较简洁，商务感较强，个性化设计元素较少，如下左图所示。

2. 机关领域

该类名片一般应用于政府机关、科研院所、学校等领域，为政府或社会团体在对外交往中所使用，不以营利为目的。公用名片的主要特点为：常使用标志，部分印有对外服务范围，版式上力求简单实用，注重个人头衔和职称，名片内没有私人家庭信息，主要用于对外交往与服务，如下中图所示。

3. 个人领域

该类名片用于向外界或朋友展示自我，交流感情，结识新朋友所使用。个人名片的主要特点为：不使用标志、设计个性化、表现手法及应用元素多样化，常印有个人照片、爱好、头衔和职业，名片中含有私人家庭信息，如下右图所示。

7.1.2 名片设计要素

相信许多平面设计师都有过这样的经历，费尽心思设计出的方案却不能使客户满意。要想设计出让客户满意的作品，除了要充分了解客户的需求外，还应对名片设计的定位、构成要素和版式设计等进行了解。

1. 设计定位

设计一款名片，首先要确定设计定位，以设计定位为出发点才能更准确地设计出适合名片持有者的名片。

一般私人名片可结合个人爱好设计，重在彰显个性和趣味性。职业名片必须和公司的形象、业务、风格相匹配，然后构思设计风格、结构、艺术表现手法以及色彩搭配等。

2. 构成要素

名片在设计上一般要讲究其艺术性，但同艺术作品不同，它除了要具有审美价值，更重要的是要能传达名片使用者的信息和形象。一般名片的构成要素分为下面几方面：

- **文本信息：** 包含名片持有者的姓名、电话、企业单位和职称等信息。
- **图案设计：** 一般是具有特色的图案，例如线条、几何形状、水墨图案或建筑图案等。
- **标识标志：** 在商业领域中，名片中的元素要和企业的标志、Logo、标准色、标准字等一致，使其能成为企业整体形象的一部分。
- **色彩搭配：** 设计前要确定名片的整体基调，以便确定是选择中性色调还是绚丽的彩色系，确定主色、辅色的组合形式。

确定以上要素后，再将相应的信息和素材进行设计编排，以达到精美的视觉效果和实用性。

3. 排版校对

名片版式一般分为横式、竖式和折卡式，用户需根据设计风格的要求进行选择。横式名片以宽边为低，窄边为高的名片使用方式；竖式名片以窄边为低，宽边为高的名片使用方式；折卡名片为可折叠的名片，比正常名片多出一半的信息展示。

名片设计好之后，对所有内容进行校对，并检查出血预留的够不够，以免印刷的时候图案或文字被裁切掉，一般出血预留为2mm。

7.2 名片的印刷工艺和常用规格

为了使名片设计的效果更好，常会在名片版式和尺寸上加以斟酌并结合各种印刷工艺，来达到最佳的视觉效果，本小节将对名片的印刷工艺和常用规格进行介绍。

7.2.1 印刷工艺

名片档次的体现取决于纸张和印刷工艺的选择，印刷工艺的多样化，给设计师提供了更多创意构想，下面列举一些常用的工艺。

（1）上光

名片上光可以增加耐性与美观，让名片的表现效果更加精致。名片上光常用的方式有普通树脂（niss）、涂塑胶油（PVA）、裱塑胶膜（PP或PVC）和裱消光塑胶膜等。

（2）轧型

轧型即为打模，以钢模刀将名片切成不规则的造形，一般不用于常规版式。

（3）压纹

在纸面上压出凸凹纹饰，以增加其表面的触觉效果，一般名片的Logo印刷使用此工艺较多，如下左图所示。

（4）烫金/烫银

用以加强名片的表面视觉效果，把文字或纹样以印模加热压上金箔、银箔等材料，形成金、银等特殊光泽。名片烫金或烫银后，颜色鲜艳，视觉效果佳，档次较高，如下中图所示。

（5）磨砂名片

使用丝网机印刷，使用的不是普通丝印油墨，而是专用的无色或彩色UV油墨，印刷后通过UV光固机进行固化，如下右图所示。

7.2.2 名片常用版式和规格

与一般的平面设计作品不同，名片作为交流工具，为了携带和保存的方便，在名片设计时，其版式和规格一般都有一些通用的样式和尺寸，下面分别进行介绍。

1. 常用版式

名片的常规版式一般有两种，横版和竖版，但某些特殊需求，也可以设计成方版和折卡。

- **横版名片**：目前使用最普遍的排版方式，以宽边为底，窄边为高的排版方式。
- **竖版名片**：以窄边为底，宽边为高的排版方式，因为比较有特色，现在越来越多的人开始使用。
- **方版名片**：一般从事设计行业的人，为了表现某种艺术元素或追求个性会使用方版名片。
- **折卡名片**：可折叠的名片，比正常名片多出一半的信息记录面积，一般餐饮行业应用较多。

2. 常用规格

名片的规格并没有一个国际的尺寸标准或绝对的大小规格要求，但名片作为一种交流工具，在设计时为了大家的名片大小的一致性以及印刷加工的便利性，通常都会遵循一个尺寸规范，目前常见的名片尺寸有以下几种。

（1）名片标准尺寸

中式标准尺寸为 90×54mm，美式标准尺寸为90×50mm，欧式标准尺寸为85×54mm，窄式标准尺寸为90×45mm，超窄标准尺寸为90×40mm。

（2）折卡名片标准尺寸

当名片上需要展示的信息过多时，一般使用折卡名片，中式折卡标准尺寸为 90×95mm，西式折卡标准尺寸90×110mm。

需要注意的是，名片在设计制作时需加上出血，一般上下左右各为2mm。

7.3　设计师个人名片设计

　　根据前面介绍的知识，相信用户应该对名片设计有了一个全面的认识。下面以自由线条和简洁的艺术字体为元素，介绍如何制作一款平面设计师个人名片。通过本案例的学习，让读者能够设计出简洁大气，又具有艺术特色的名片作品，具体操作过程如下。

步骤 01 首先制作名片正面的边框，在CorelDRAW软件中执行"文件>新建"命令，在弹出的"创建新文档"对话框中，对创建文档的参数进行设置后，单击"确定"按钮，如下左图所示。

步骤 02 选择工具箱中的矩形工具，在工作区中绘制一个矩形。选中该矩形，在属性栏中设置对象的宽度和高度为58mm×90mm，如下右图所示。

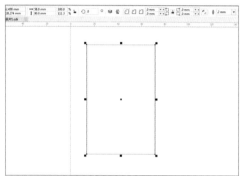

步骤 03 选中矩形，单击右侧调色板中的"白色"色块，为矩形设置白色填充，如下左图所示。

步骤 04 执行"文件>导入"命令，在弹出的"导入"对话框中选择素材01.png，单击"导入"按钮，如下右图所示。

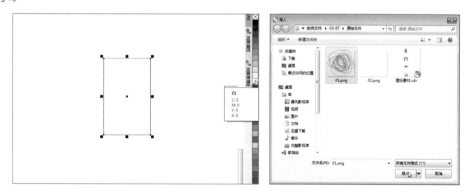

步骤 05 在工作区中单击，素材01即被导入。选中导入的素材，在菜单栏中执行"对象>Power Clip>置于图文框内部"命令，如下图所示。

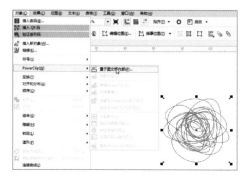

步骤06 此时光标变为黑色箭头，并将光标移至名片边框内单击，素材01即被置于名片边框内了，如下左图所示。

步骤07 选中名片并右击，执行"编辑Power Clip"命令，选中素材01并调整到名片左下角。继续选中名片并右击，选择"结束编辑"命令，如下右图所示。

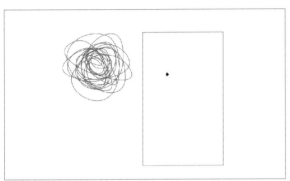

步骤08 将光标置于工作区左侧标尺上，按住鼠标左键向右拖动辅助线至合适的位置后释放鼠标，如下左图所示。

步骤09 单击选中辅助线并向右拖动约1cm的位置，迅速右击复制出第二条辅助线，按下Ctrl+R组合键，等距复制出第三条辅助线，如下右图所示。

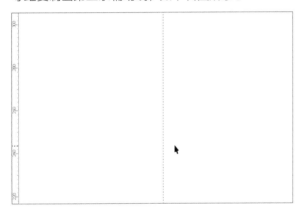
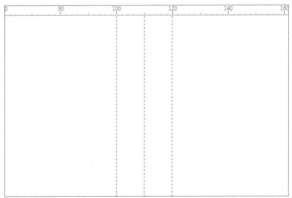

步骤10 同样将标尺置于工作区上方，拖曳创建两条横向辅助线。单击属性栏中的"贴齐辅助线"按钮，如下左图所示。

步骤11 然后开始绘制"平面设计"文本，首先选择工具箱中的矩形工具，在辅助线中绘制出横向图形，如下右图所示。

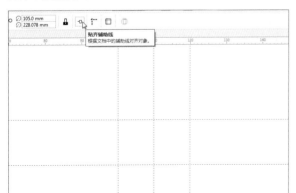
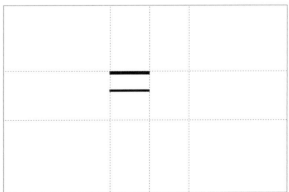

步骤 12 继续选择矩形工具，绘制纵向图形，如下左图所示。

步骤 13 按照同样的方法绘制出"面"文字，如下右图所示。

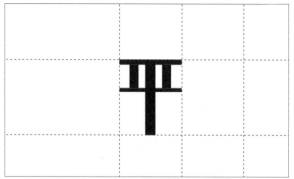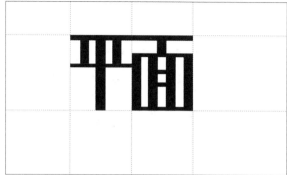

步骤 14 选择文本工具，输入"设计"文本，在属性栏中选择 "微软繁综艺"字体选项，如下左图所示。

步骤 15 单击属性栏中"将文本更改为垂直方向"按钮，并调整字体大小，如下右图所示。

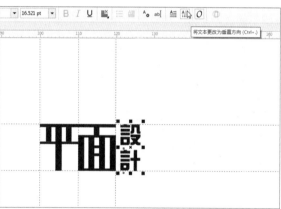

步骤 16 选中"设计"文本并右击，在弹出的快捷菜单中选择"转换为曲线"命令，如下左图所示。

步骤 17 继续选中文本并右击，选择"拆分曲线"命令，如下右图所示。

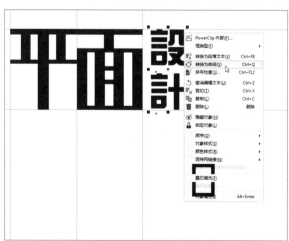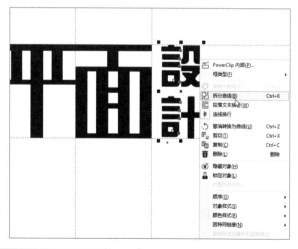

提示：关于绘制字体的参数设置

用矩形工具绘制字体的时候，要考虑粗细对比，形成平衡的视觉效果。

步骤18 删除"设计"文本的左边部分，使用矩形工具绘制出下左图的效果。

步骤19 选中"又"字部分，选择左侧工具箱中的形状工具，如下右图所示。

 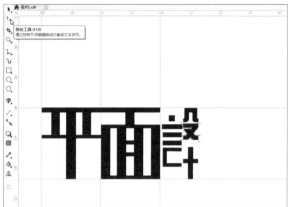

步骤20 连续单击节点，调整后的效果如下左图所示。

步骤21 调整整体的布局后，挑选文字的局部，填充调色板中的红色，如下右图所示。

 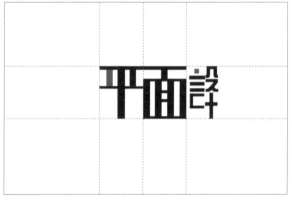

步骤22 选择文本工具，输入英文字体，在属性栏中设置字体效果和字符大小，如下左图所示。

步骤23 将设计好的字体全部框选并右击，选择"组合对象"命令，将字体全部群组，如下右图所示。然后将设计好的文本放到名片右上角，并适当调整大小。

 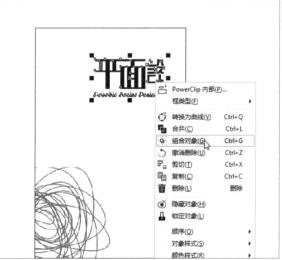

步骤 24 选择文本工具并输入设计师姓名，在属性栏中设置字体效果和字符大小，如下左图所示。

步骤 25 选择矩形工具，绘制矩形并填充红色，然后选择文本工具，输入职位文本，填充白色并右击，执行"顺序>到图层前面"命令，如下右图所示。

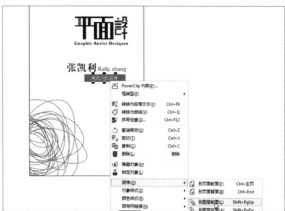

步骤 26 选择文本工具，输入名片持有者的相关信息，在属性栏中设置字体和字符大小后，单击"文本对齐"下三角按钮，在列表中选择"右"选项，如下左图所示。

步骤 27 选中文字，使用形状工具拖动文字上下、左右的控制点，调整字符间距，如下右图所示。

步骤 28 执行"文件>导入"命令，在弹出的"导入"对话框中选择素材"图标素材.cdr"，单击"导入"按钮，如下左图所示。

步骤 29 将导入工作区内的"图标素材.cdr"放在相应的文字前面，调整大小和颜色，如下右图所示。

步骤30 执行"文件>导入"命令，在弹出的"导入"对话框中选择素材"二维码.png"，单击"导入"按钮，将二维码放在文字下方，如下左图所示。

步骤31 选择矩形工具，绘制矩形并填充红色，放置于名片底部，如下右图所示。

步骤32 选择矩形工具，绘制名片反面并填充为红色，如下左图所示。

步骤33 导入素材02.png，按照名片正面的设置方法，放置于名片边框内，并参照正面素材01.png调整到适当的位置，结束编辑操作，如下右图所示。

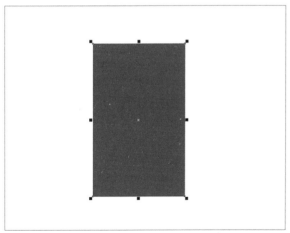 

步骤34 选择工具箱中的多边形工具，绘制多边形并填充为白色，如下左图所示。

步骤35 选中多边形，按住鼠标左键不放，拖动到下方并迅速右击，复制多边形并填充为红色，如下右图所示。

步骤 36 选择工具箱中的透明度工具，在属性栏中单击"合并模式"下三角按钮，选择"减少"选项，如下图所示。

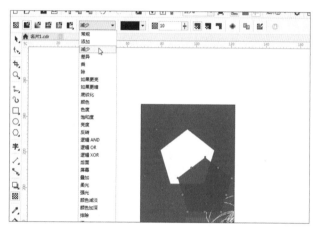

步骤 37 选中红色多边形并将其缩小，单击中心部位的十字形状，将十字形状放到任意控制点，拖动并旋转到合适的角度，如下左图所示。

步骤 38 复制正面的标志，然后放到反面的白色位置，使用同样的方法拖动并旋转到合适的角度，如下右图所示。

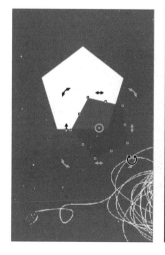

步骤39 选择矩形工具，绘制黑色边框矩形，并设置为无填充颜色，然后输入网址文本，调整字体和字符大小后置于矩形中心，如下左图所示。

步骤40 将名片的正反面并列排放，执行"编辑>全选>文本"命令，将所有文本内容全部选中，如下右图所示。

 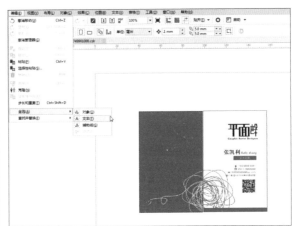

步骤41 选中文本后右击，在弹出的快捷菜单中选择"转换为曲线"命令，之后文件转发给他人时，字体则不会发生变化，如下图所示。

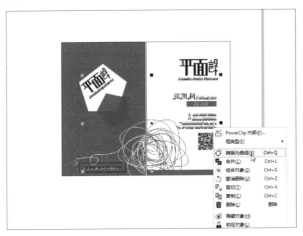

步骤42 选择矩形工具，在页面中绘制矩形并填充为黑色，如下图所示。

步骤 43 选中绘制的矩形并右击，执行 "顺序>向后一层" 命令，使画面看起来更清晰，如下图所示。

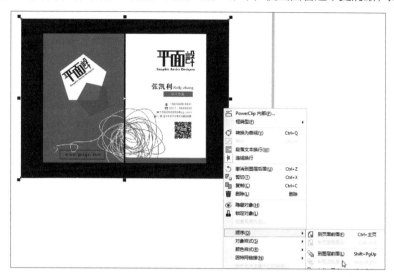

步骤 44 此时整个名片的制作全部完成，最终效果如下图所示。

提示：关于常用的快捷键

在制作名片的案例中，可以使用快捷键来操作将更方便，例如：群组（Ctrl+G）、保存（Ctrl+S）、置于顶层（Shift+Page Up）、置于底层（Shift+Page Down）、导入（Ctrl+I）、导出（Ctrl+E）。

Chapter 08 Logo设计

本章概述

Logo是企业综合信息传递的媒介，在企业形象传递过程中，是应用最广泛、出现频率最高，同时也是最关键的元素。一个制作精良的Logo，不仅可以很好地树立公司形象，还可以传达丰富的企业信息。

核心知识点

❶ 了解Logo设计的原则

❷ 熟悉Logo设计的流程

❸ 掌握贝塞尔工具的应用

❹ 掌握交互填充工具的应用

8.1 Logo设计介绍

Logo是一个品牌的名片，一个好的Logo会让人无形中对该品牌有更多的记忆。企业强大的整体实力、完善的管理机制、优质的产品和服务，都浓缩在小小的Logo中。好的Logo标志让人看过后能够很好地联系品牌，从而进一步加深对一个品牌的认知。

8.1.1 Logo设计的作用

作为独特的传媒符号，Logo（标识）已成为一种传播品牌信息的视觉化语言。通过对Logo的识别、区分、引发联想、增强记忆，从而树立并保持对品牌的认知、认同，达到提高认知度、美誉度的作用。好的Logo设计可以起到以下作用。

1. 传达品牌的意义

Logo的诞生不是偶然的，而是提炼了品牌的宗旨、理念、文化等信息设计而成。Logo是企业形象宣传、品牌文化展示的重要途径，可以说Logo更是一个企业的身份证明。它反映了企业的产业特点，经营思路，是企业精神的具体象征。

2. 树立品牌的形象

Logo是企业视觉传达要素的核心，也是企业开展信息传播的主导力量。Logo的领导地位是企业经营理念和活动的集中体现，贯穿于企业所有的经营活动中，具有权威的领导作用。一个Logo不仅要漂亮，而且要能够塑造品牌形象，推广自己的品牌，扩大知名度和品牌影响力。当今社会是个看颜值的社会，Logo设计的好坏，就像是一个品牌颜值的高低。

8.1.2　Logo设计的原则

了解了Logo的作用和重要性后，要如何设计出契合品牌形象的Logo呢？在Logo的设计过程中我们要遵循哪些设计原则呢？下面将一一向大家介绍。

- Logo设计要简洁明了、鲜明、易于辨识，在色彩方面要单纯、强烈、醒目，要有一定的视觉冲击力。
- 构图要凝练、美观、适形（适应其应用物的形态），构思须慎重推敲，力求深刻、巧妙、新颖、独特，表意准确，能经受住时间的考验。
- 设计要符合作用对象的直观接受能力、审美意识、社会心理和禁忌。
- 遵循标志设计的艺术规律，创造性地探求恰当的艺术表现形式和手法，锤炼出精炼的艺术语言，使所设计的Logo具有高度的整体美感，以获得最佳视觉效果。
- 设计须充分考虑其实现的可行性，针对其应用形式、材料和制作条件，采取相应的设计手段。

8.2　Logo设计的表现形式和应用场景

所有的设计都有各自领域的表现形式，Logo也不例外，绚丽的色彩搭配、夸张的图案，可以带给人视觉冲击，使设计师自由的发挥创意。Logo以其精致小巧的特点，在表现形式上更追求精简，同时还要顾及应用场景，考虑最终实现的效果。

8.2.1　Logo设计的表现形式

作为具有传媒特性的Logo，为了在最有效的空间内实现所有的视觉识别功能，一般是通过图案及文字的组合形成标识，让大众对一个品牌形成记忆点。表现形式的组合方式一般分为图形标识、文字标识和复合标识。

1. 图形标识

图形标识属于表象符号，独特、醒目，图案本身易被区分、记忆，通过隐寓、联想、概括、抽象等艺术表现手法进行设计，对品牌理念的表达直接而形象。一个品牌要想建立持久的记忆，需要有一个鲜明独特的特示图案标识，例如苹果公司的牙印苹果，耐克运动品牌的对号标志，简洁明了，让人记忆深刻。而特示图案一般又分具象和抽象两种。

- 具象型标志是指直接利用具有代表性的物象来表达含义，手法直接明确且一目了然，便于迅速理解和记忆。如一般利用植物造型表达餐饮行业，人物造型表达美发美容行业等。
- 抽象型标志是指用纯粹的点、线、面、体组成的抽象图形来表达含义，这种标志在造型设计上有较大的发挥空间，具有强烈的现代感和符号感。

2. 文字标识

文字标识属于表意符号，可引用企业名称或产品名称，用一种文字形态加以统一，涵义明确、直接，易于理解，特示文字一般作为特示图案的补充，要求选择的字体应与整体风格一致，应尽可能做全新的区别性创作，例如可口可乐的标识。而特示文字一般又分汉字、字母、数字三种。

- 汉字被认为是表形和表意文字的典范，人们常常运用汉字的象征意义来表达品牌的理念。在标志设计中，汉字被广泛运用。
- 字母标志具有言简意赅、形态多样等优势。在标志设计中，字母标志一般采取字母组合和象形图形相结合等方式，其中字母组合又包括全称字母组合、单一字母、字母缩写组合等形式。

●数字标志是指以数字作为标志造型基础的Logo。由于数字的独特性和便于识别的特点，得到了越来越多人的喜爱。

3. 复合标识

一种表象表意的综合标识，文字与图案结合的设计，兼具文字与图案的属性。复合标识通过设计独特的图案辅以更易被理解的文字来强化对品牌理念的诠释，也是应用最广泛的标识类型，例如中国银行的标识。

8.2.2　Logo的应用场景

Logo的设计应该考虑到它的永恒性，即能够经得住时间的考验，不会很快失去新鲜感、品质感。Logo设计也要注意它需要用在各个场合，一般Logo会应用在以下几个场景中。

1. 应用在企业建筑外部或形象墙上

当客户进入公司，他对公司的认知是从企业形象墙和企业环境开始的。所以企业形象墙（Logo墙、标志墙）起到非常重要的作用，直接影响着客户的视觉感受，如下左图所示。

2. 应用在产品和产品包装上

当Logo需要出现在产品上时，由于产品的颜色本身都会比较多样化，一些特殊的商品在包装上也会更加缤纷一些。因此Logo的特点还是要保证它的识别性，越简单越好。这也是为什么很多大品牌的Logo只是简单地应用文字与字母的组合或者简单图案构成的原因。因为这样，人们能够很快看到品牌的标志，从而形成对这个品牌的记忆，如下中图所示。

3. 应用在企业VI上

所有的公司名片、纸杯、手提袋、工作证等都会印有企业的Logo，还有对外宣传的形象广告、宣传海报、单页和卡片等，Logo的体现之处会更有视觉感染力，如下右图所示。

4. 应用在企业网站上

Logo是企业网站的重要体现，是网站的核心部分，一个企业吸引人眼球的首先是公司Logo，一个精美的网站，Logo是灵魂所在。

8.3 食品品牌Logo设计

　　根据前面介绍的知识，相信用户应该对Logo设计有了一个全面的认识。其实Logo设计有很多技巧，下面我们以"烤鱼"为主题，介绍如何利用圆形和矩形元素设计一款美观简洁的餐饮品牌Logo。通过本案例的学习，让读者能够掌握Logo设计的技巧，具体操作过程如下。

步骤 01 首先执行"文件>新建"命令，在弹出的"创建新文档"对话框中，对创建文档的参数进行设置后，单击"确定"按钮，如下左图所示。

步骤 02 选择工具箱中的文本工具，在工作区中输入英文Baked Frish，并在属性栏中设置字体和字符大小，如下右图所示。

步骤 03 然后选取Fish文本填充默认调色版中的橘红色，如下左图所示。

步骤 04 选中文本并右击，在弹出的快捷菜单中选择"转换为曲线"命令，将字体转换为曲线（快捷键Ctrl+Q），如下右图所示。

步骤 05 取消组合对象，选取Fish文本并右击，在弹出的快捷菜单中选择"拆分曲线"命令，如右图所示。

步骤 06 然后针对首字母B做变形，选择工具栏中椭圆形工具，绘制椭圆并填充黑色覆盖在B空白部分，如下左图所示。

步骤 07 将Baked文本和刚绘制的椭圆形全部框选并右击，在弹出的快捷菜单中选择"组合对象"命令，将选中的对象组合，如下右图所示。

步骤 08 使用椭圆形工具，按住Ctrl键拖动鼠标绘制正圆，并复制此正圆使两圆相交，如下左图所示。

步骤 09 框选绘制的两个圆，在属性栏中单击"相交"按钮，这样两个圆形重叠部分就被创建为一个新对象了，如下右图所示。

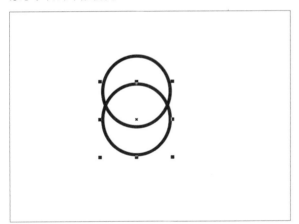
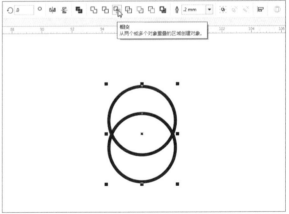

步骤 10 选取新创建的对象，复制并缩小到合适大小，使两个对象相交，并填充为白色，效果如下图所示。

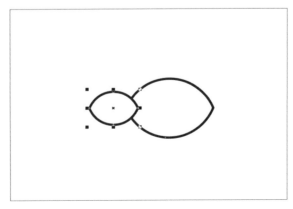

步骤 11 选择工具箱中椭圆形工具，绘制正圆并填充为黑色，放在下左图所示的位置，至此类似一个鱼的形状就制作完成。

步骤 12 然后选中绘制好的图形并右击，选择"组合对象"命令，将对象组合。然后将图形移到字母B上并缩放到合适大小，如下右图所示。

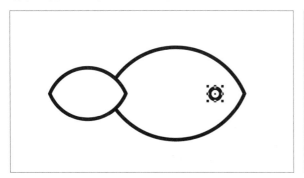

步骤 13 继续选择鱼的图形，右击调色板上方的X，去掉边框，如下左图所示。

步骤 14 选择工具箱中的矩形工具，并绘制矩形。先选中绘制的矩形再选中鱼的图形，单击属性栏中的"修剪"按钮，如下右图所示。

步骤 15 删除矩形，复制鱼图案并将其缩小。然后单击属性栏中的"水平镜像"按钮，这样B字变形就完成了，如下左图所示。

步骤 16 删除Fish文本上面的圆点，使用矩形工具，按住Ctrl键拖动鼠标绘制正方形，在属性栏中输入旋转角度为45度，如下右图所示。

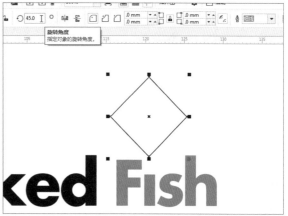

步骤 17 选择工具箱中交互式填充工具，从正方形一个角水平拖动形成渐变效果，如下左图所示。

步骤 18 单击起始节点颜色并设置为橘红色，结束点设置为白色，如下右图所示。

 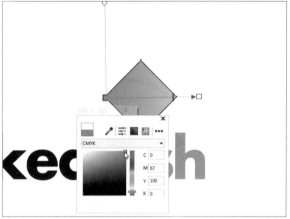

步骤 19 选择椭圆形工具后绘制正圆，选取正圆的同时选中正方形，在属性栏中单击"相交"按钮，如下左图所示。

步骤 20 选中新创建的形状，使用交互式填充工具，设置填充渐变，如下右图所示。

步骤 21 使用椭圆形工具绘制正圆，然后复制并缩小绘制的正圆，将其移动到合适的位置。选中两个圆形填充为白色后右击，在弹出的快捷菜单中选择"合并"命令，如下左图所示。

步骤 22 使用相同的方法绘制两个正圆，在属性栏中单击"相交"按钮，如下右图所示。

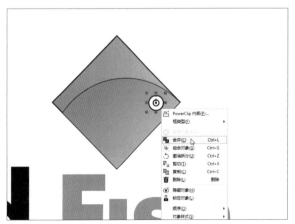 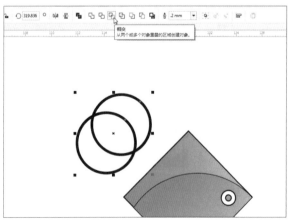

步骤 23 绘制正圆，选中圆形和新创建的对象，单击"修剪"按钮，如下左图所示。

步骤 24 删除圆形，将需要的图形填充橘红色，调整至合适位置，这样一个鱼尾的形状就绘制完成了，效果如下右图所示。

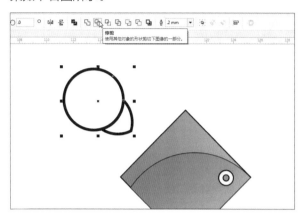 

步骤 25 使用工具箱中的贝塞尔工具，绘制鱼鳍部分并填充橘红色，如下左图所示。

步骤 26 选择工具箱中的形状工具，选择鱼鳍外侧直线并右击，在弹出的快捷菜单中执行"到曲线"命令，如下右图所示。

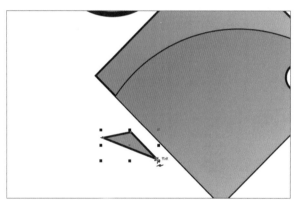 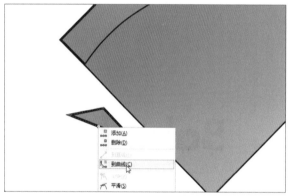

步骤 27 拖曳两边控制点进行调整，调整出如下左图所示的效果。

步骤 28 继续使用工具箱中的贝塞尔工具绘制溅起的水花部分，填充橘红色，如下右图所示。

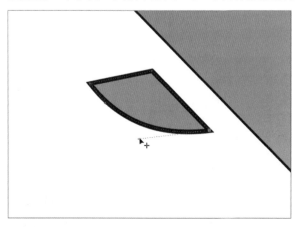 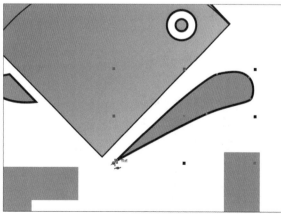

步骤 29 使用形状工具拖曳两边控制点，将不平滑的地方调整平滑，效果如下左图所示。

步骤 30 全选刚才绘制的图案，右击调色板上方的"X"去除图案的边框，如下右图所示。

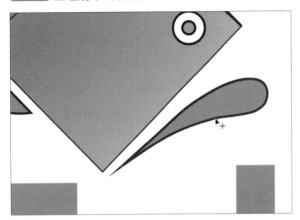 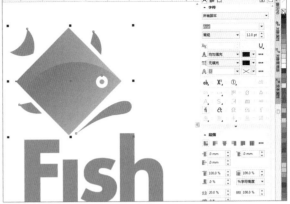

步骤 31 全选Logo并右击，在快捷菜单中选择"组合对象"命令，此时Logo部分的绘制就完成了，如下左图所示。

步骤 32 执行"文件>导入"命令，在弹出"导入"对话框中选择 "场景素材.psd" 素材，单击"导入"按钮，如下右图所示。

步骤 33 将Logo放到场景素材中，缩放到合适的大小，效果如下左图所示。

步骤 34 用户会发现有些Logo看起来透视不对，下面逐一进行调整。首先选取纸袋上的Logo，然后选择封套工具，如下右图所示。

 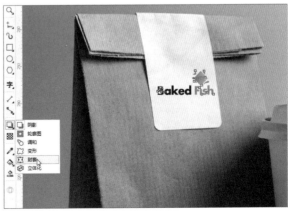

步骤 35 此时会出现一些节点，单击节点并拖动，进行调整到合适的位置，如下左图所示。

步骤 36 按照同样方法调整名片上的Logo透视效果，如果拖动节点时封套变弯曲，会影响Logo透视，在此处右击执行"到直线"命令，如下右图所示。

步骤 37 如果Logo中白色部分和背景不融合，可以选择工具栏中颜色滴管工具，用吸管吸取背景中的颜色，如下左图所示。

步骤 38 然后置于Logo中需要填充部分的上方，会变成油漆桶形状，单击即可填充，如下右图所示。

步骤 39 按照同样方法分别填充纸袋、杯子、名片上的Logo，如下左图所示。

步骤 40 利用上一章学到的知识，对名片进行设计排版。至此Logo的设计场景应用完成了，效果如下右图所示。

Chapter 09 海报设计

本章概述

海报又称招贴画，是一种依靠二维视觉关系中的图形来传达视觉信息的艺术样式，是一种大众化的宣传工具。是图像、文字、色彩、版式等元素的结合，通过设计手法来实现要表达的广告目的和意图。

核心知识点

❶ 了解海报设计的表现形式
❷ 熟悉海报设计的流程
❸ 掌握连续复制的绘制技巧
❹ 掌握字体变形的方法

9.1 海报设计介绍

海报作为独特的艺术表现形式，通过版面的构成在第一时间内吸引人们的目光，并获得瞬间的刺激。要求设计者将图片、文字、色彩、空间等要素进行完美地结合，以恰当的形式向人们展示出宣传信息。

9.1.1 海报设计的应用范围及分类

海报是一种宣传的途径，一份好的海报设计主题鲜明，让人记忆深刻。海报的应用范围相当广泛且分类很多，不同的用途表现手法、尺寸、材质都有区别。

1. 应用范围

应用于产品或企业宣传：在信息技术发达的当今社会，海报的影响力仍不可缺少，企业或产品通过海报的宣传传播到社会中，提高企业或品牌的知名度，吸引受众群，推销产品。

应用于文化展览或宣传：一般学术类、艺术类的展览会通过大幅海报的形式宣传，例如画展的宣传、艺术节的宣传、电影宣传等。

应用于指示或通知：公共场合的导向牌、公共性的通知或企业内部的通知，都可以用海报的形式去张贴，以达到快速有效地向群体传达讯息的用途。

2. 海报的分类

海报按其应用不同可以分为商业海报、文化海报、电影海报、游戏海报、创意海报和公益海报等。下面将介绍几种常见的海报。

（1）商业海报

商业海报是指宣传商品或商业服务的商业广告性海报。例如产品宣传、品牌形象宣传、企业形象宣传等。例如每逢节假日商场、超市以及专卖店等商品促销活动，商业海报的设计要恰当地配合产品的格调和受众对象。珠宝宣传海报一定是高雅且能展现贵族气质，食品类海报则要展现出食物的诱人画面。

（2）文化海报

文化海报是指各种社会文娱活动及各类展览的宣传海报，这类海报一般有较强的参与性。海报的设计往往要新颖别致，引人入胜。电影海报是文化海报的分支，电影海报主要是起到吸引观众注意、刺激电影票房收入的作用，其实海报的起源就是来自电影海报，随着各行各业的发展，海报的应用范围随之扩大。

文化类海报的设计更讲究设计的个性化，对设计师的设计能力有一定的考验。

（3）公共海报

公共海报以社会公益性问题为题材，例如环境保护、卫生宣传、反战、竞选等，社会海报是带有一定思想性的。这类海报具有特定的对公众的教育意义，其海报主题包括各种社会公益、道德的宣传或政治思想的宣传，弘扬爱心奉献、共同进步的精神等。

9.2 海报设计的要素及表现形式

海报一般都是大幅的，特别是主要的商业区都能见到大型的宣传海报，那么设计最初要了解哪些设计要素，通过什么设计手法及表现形式来实现构想，从而做出符合客户需求的设计方案呢？

9.2.1 海报设计的要素

海报在各个公共场合应用广泛，具有很强的宣传性。一份好的海报能够迎合顾客的需求体验。产品的宣传力度，促销活动的宣传强度，海报起到了很重要的作用。海报设计必须有相当的号召力与艺术感染力，那么如何设计一张具有感染力的海报，使观看的人能够直接接触最重要的信息？海报设计的要素有哪些？下面将一一向大家介绍。

- **主题突出**：广告语简洁明了有内涵，易于记忆。能在受众群中形成记忆点，进而起到宣传的作用。
- **版式上讲究"协调"或"对比强烈"**：大部分海报的设计会讲究布局平衡，给人协调的感觉。也有部分海报在设计构图上特地用不平衡感或强烈的对比使版面具有强烈的视觉效果。因为打破均衡会产生一种紧张的氛围。
- **表现形式要复合主题**：明确目标受众心理的海报，符合受众群的审美及需求，例如一个公益海报要画面温馨，阳光向上。在色调及表现手法上都要围绕这个要素展开。
- **海报设计要关联性强**：对人物、物品及文字的组合能够提高信息的传达效果。一般宣传海报都是由消费群体的照片、产品图片及广告语组成的。那么所涉及到的人物图片，广告语的表达，都要紧密结合产品来进行筛选应用。好的关联图片和广告语，能够直观地表达产品的受众群及用途。
- **重要的文字信息要表现清楚**：海报除了需要有夺人眼球的画面外，文字设计也是不可或缺的重要组成部分。当人们拿过一张海报首先关注文字信息，因为文字信息是一个海报主题元素传达的最有效的方式，例如涉及到地点、日期或者产品尺寸、规格、材质及用途的说明等等。

173

9.2.2 海报设计的表现形式

海报以最醒目的特点，在表现形式上追求精简、大气、自由且个性化的特点。那么设计师从哪方面去围绕主题进行大胆创作呢，下面将介绍常用的几种表现形式。

● 直接展示法

将某产品或主题直接如实地展示在广告版面上，充分运用对产品的写实表现能力，细臻刻划和着力渲染产品的质感、形态和功能用途，将产品精美的质地引人入胜地呈现出来，给人以逼真的现实感，使消费者对所宣传的产品产生一种亲切感和信任感。

● 重复表现法

要展示作品的整齐一致性，需对其形状、颜色或某些元素进行重复排版，形成一个有序的整体。重复的元素能够引导观众注意要展示的重要信息、标志或图片上，起到引导作用。

● 延伸表现法

延伸即从主题出发，所表现的形式能够引发观者联想与共鸣。从人的心理学角度出发，人们在审美对象上看到自己或与自己有关的经验，与海报本身融为一体，在产生联想过程中引发了美感共鸣，其感情的强度总是激烈的、丰富的。延伸表现手法中可以使用幽默的设计来表达一个令人深思的主题，也可以针对性地抓住一点或一个局部加以集中描写或延伸放大，更充分地表达主题思想。

● 对比衬托法

对比是一种趋向于对立冲突艺术美中最突出的表现手法，是把作品中所描绘事物的性质和特点放在鲜明的对照和直接对比中来表现，借彼显此，互比互衬。从对比所呈现的差别中达到集中、简洁、曲折变化的表现。通过这种手法更鲜明地强调或提示产品的性能和特点，给消费者以深刻的视觉感受。

9.3 夏日促销海报设计

根据前面介绍的知识，相信用户应该对海报设计有了一个全面的认识。下面以一个文艺服装品牌"倾橙色"为主题，介绍海报的布局排版、色彩的搭配协调、文字的变形制作等要点。通过本案例的学习，让读者能够掌握CorelDRAW X8中连续复制等一些小技巧的运用，具体操作过程如下。

步骤 01 首先创建一个空白文档，如下左图所示。

步骤 02 选择工具箱中的矩形工具，在工作区中绘制矩形，尺寸为60×90cm，如下右图所示。

 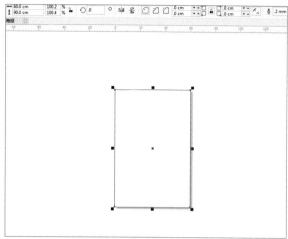

步骤 03 然后选取矩形填充默认调色版中的朦胧绿色，如下左图所示。

步骤 04 从上方和左侧标尺处向工作区中拉辅助线，如下右图所示。

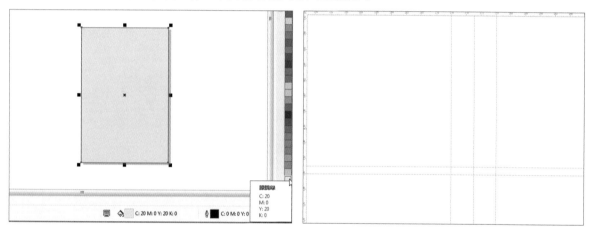

步骤 05 使用贝塞尔工具在辅助线中绘制所需图形，如下左图所示。

步骤 06 选择形状工具，选中图形并右击，选择"到曲线"命令，如下右图所示。

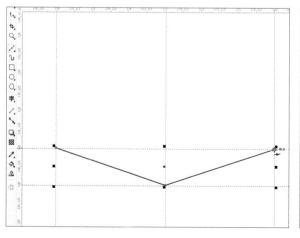 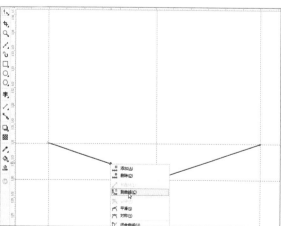

步骤 07 将光标移动到节点处，会出现蓝色箭头，拖曳箭头将图形调整为平滑的曲线，如下左图所示。

步骤 08 逐渐调整，最终效果如下右图所示。

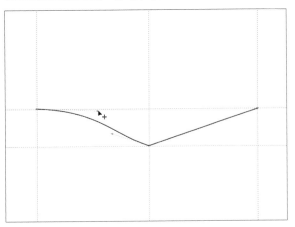 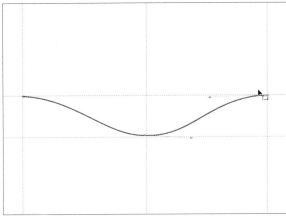

步骤 09 选中曲线，将光标移至左侧中间的控制点，按住Ctrl键同时按住鼠标左键向右拖曳，迅速右击可复制出镜像曲线，如下左图所示。

步骤 10 按下Ctrl+R组合键，连续复制图形，形成波浪的效果，如下右图所示。

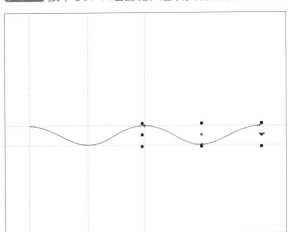 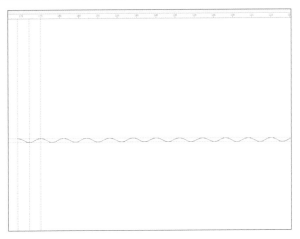

步骤 11 使用形状工具选中所有曲线，并右击曲线上的任意节点，执行"闭合曲线"命令，如下左图所示。

步骤 12 使用选择工具选中图形并填充颜色，说明此时波浪线由线段变成了一个闭合的面，如下右图所示。

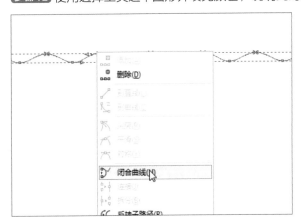 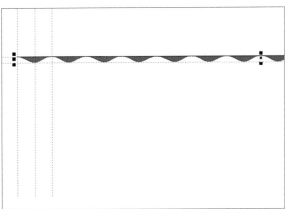

步骤 13 将图形填充为白色，并在属性栏中设置旋转角度为270，如下左图所示。

步骤 14 从左侧标尺拉一根辅助线在之前绘制的矩形正中间，将波浪图形左侧贴齐辅助线放置，并适当调整大小使其上下填满矩形，如下右图所示。

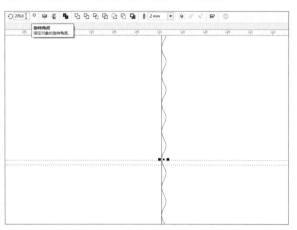
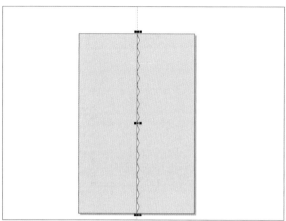

步骤 15 使用矩形工具绘制30×90cm的矩形，如下左图所示。

步骤 16 框选波浪形和刚绘制的矩形右击执行"组合对象"命令，然后右击调色板上方X去掉边框线，如下右图所示。

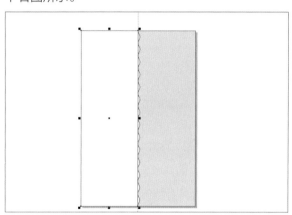
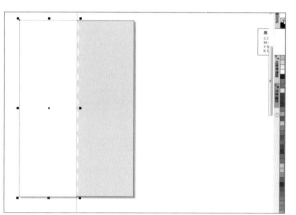

步骤 17 选择工具箱中椭圆形工具，按住Ctrl键并拖动鼠标绘制正圆，然后复制一个正圆在右侧备用，如下左图所示。

步骤 18 选中正圆，按住Shift键并向外拖曳至合适位置，然后迅速右击复制圆形，如下右图所示。

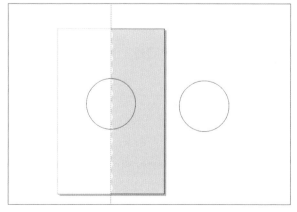
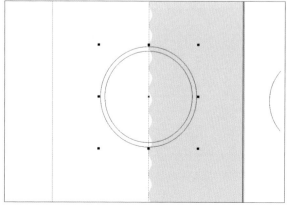

步骤 19 选中两个圆形并右击，执行"合并"命令，如下左图所示。

步骤 20 使用工具箱中颜色滴管工具吸取背景颜色中的朦胧绿，此时会出现油漆桶图标，在圆形上单击填充颜色，如下右图所示。

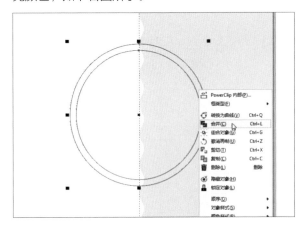 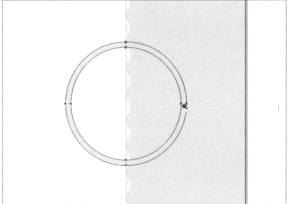

步骤 21 使用矩形工具绘制矩形，适当旋转矩形，尽量使背景中白色和绿色交接，如下左图所示。

步骤 22 选中矩形，按住Shift键同时选中已填充颜色的环形，然后单击属性栏中"相交"按钮，如下右图所示。

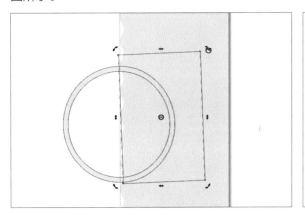 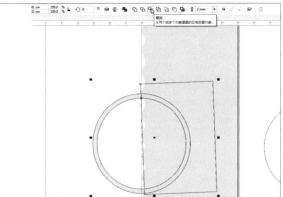

步骤 23 删除矩形，选中相交生成的半环形并填充白色，同时选中绿色环形并右击，执行"组合对象"命令，然后去掉边框线，如下左图所示。

步骤 24 分别导入素材"美女头像.cdr"和"花朵.cdr"，如下右图所示。

步骤 25 然后运用以上案例中学到的知识点，将美女头像填充到之前复制的备用圆形中，如下左图所示。

步骤 26 为填充好的图形去掉边框线，然后放置于环形正中间，如下右图所示。

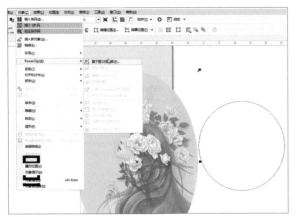

步骤 27 将之前导入的花朵素材适当点缀于环形周围，调整前后图层顺序，使其更加协调自然，效果如下左图所示。

步骤 28 输入文字设置为幼圆字体，并设置字符大小，将文字转换为曲线，如下右图所示。

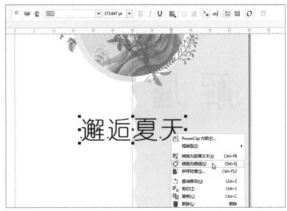

步骤 29 执行"拆分曲线"命令，将"邂逅"二字的偏旁去掉，如下左图所示。

步骤 30 然后对字体进行重新改造，绘制圆角矩形并设置圆角数值，如下右图所示。

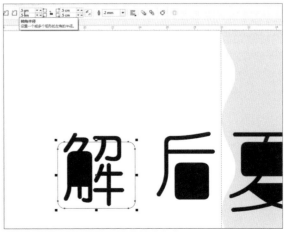

步骤 31 选中圆角矩形，按住Shift键向外拖曳鼠标并迅速右击，复制圆角矩形，适当调整圆角数值，同时选中两个矩形并执行"合并"命令，如下左图所示。

步骤 32 然后移除不需要的部分，如下右图所示。

步骤 33 绘制矩形，将做好的文字偏旁形状复制到"后"字旁边，如下左图所示。

步骤 34 对每个字分别右击执行"合并"命令，效果如下右图所示。

步骤 35 将之前导入的花朵素材，选取其中一部分将其复制之后，分别填充在"邂逅"二字中的同时填充绿色，将"夏天"二字填充为白色，效果如下左图所示。

步骤 36 输入文字信息，并将其进行错落有致的排布，添加适当的标点符号来增加趣味性元素，然后将辅助线删除，效果如下右图所示。

步骤 37 将导入的"花朵"素材适当点缀在字体及背景上，形成呼应效果，如下左图所示。

步骤 38 此时可以看到布局上还缺少一个重要的Logo元素，接下来就简单设计一款Logo图标，首先输入文字，设置合适的字符大小，如下右图所示。

步骤 39 使用贝塞尔工具或者两点线工具绘制线段，组合线段并对其粗细进行设置，如下左图所示。

步骤 40 输入英文文本，调整字体及字符大小，将文本改为垂直方向并排列放置在左侧，效果如下右图所示。

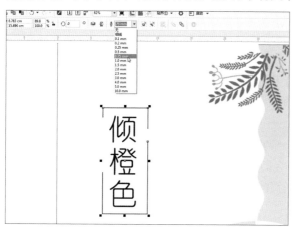

步骤 41 用同主色系的绿色圆形，以及下方呼应的标点符号来点缀，绘制横向波浪形和白色背景纵向波浪呼应，形成丰富的层次感，如下左图所示。

步骤 42 将背景的边框去掉，然后绘制矩形，设置边框线粗细及颜色，做出内嵌边框效果。至此一个清新文艺的夏日促销海报就设计完成了，如下右图所示。

Chapter 10 DM单页设计

本章概述

DM单页又称宣传单，是一种能直接传递信息到目标群体的广告样式，也是一种大众化的宣传工具。相比较其他广告样式，DM单页更能体现出直接准确传递信息的优势。本章将对其进行解析并通过案例介绍，让大家更加直观地了解DM单页的设计方法。

核心知识点

❶ 了解DM单页的设计要素

❷ 熟悉DM单页的设计流程

❸ 掌握立体化工具的应用

❹ 掌握渐变填充工具的应用

10.1 DM单页设计介绍

DM单页的形式有广义和狭义之分，广义上包括广告单页，如大家熟悉的街头巷尾、商场超市散布的传单，西餐厅、面包店的优惠卷等；狭义的仅指装定成册的集纳型广告宣传画册，页数在20页至200页不等，例如企业简介小册子等。

10.1.1 DM单页的类型

DM单页可以通过邮寄、赠送等形式，送到消费者手中、家里或公司，还可以借助其他媒介，如柜台散发、专人送达、来函索取、随商品包装发出等方式发放。DM单页在生活中应用相当广泛，下面介绍最常用的几种类型。

- **品牌宣传单页：**最常见的是房地产行业，每当一个新楼盘开售就会定点发放印有楼盘相关信息的广告，这种宣传单一般纸张厚、篇幅大，均采用彩色印刷，如下左图所示。
- **招商加盟手册：**一些企业加盟手册等会采用三折页的设计手法，这种宣传册一般纸张材质好，比较精致大气，如下右图所示。

- **活动促销单页：**商场和超市在节假日通常会有很多促销活动，此时DM单页在宣传上起到了重大的作用。活动促销单页是DM单页应用最广泛的领域，这种宣传广告一般节日氛围浓郁、色彩鲜明、标题响亮，用纸要求不高，篇幅大，如右图所示。

10.1.2 DM单页宣传优势

DM单页的种类繁多，常见类型有销售函件、商品目录、商品说明书、小册子、明信片以及宣传单等。DM单页作为最常见、应用最普遍的广告宣传方式，有其独特的优势，具体介绍如下。

1. 针对性强

不同于其他传统广告媒体，DM单页是对事先选定的对象直接实施广告。可以有针对性地选择目标对象，一对一地直接发送，可以减少信息传递过程中的客观因素，使广告效果达到最大化。

2. 信息量大

一般活动DM单页内容信息量很多，各种产品按照不同促销主题分类排列，包括产品性能的介绍，活动优惠力度的说明，活动所涉及到的地点、时间等等。

3. 反馈信息迅速直接

DM单页是直接发放到受众手中的，一般是对此宣传需求较大的群体。以超市促销为例，一般超市促销活动周期短，活动量大，经过为期三五天的活动之后，效果显而易见。活动方可从中得出结论，针对不合理的地方加以调整改进，在下次活动中来增加利润空间。DM单页在此活动的反馈信息方面是迅速而直接的。

4. 发放的时间和地点自由，成本低

使用DM单页可根据所投广告内容和目标自行选择投递区域、投递数量、投递时间。一般针对高中档小区信箱投递、入户派送或登楼投递，也可针对写字楼进行各单位各部门地派送。最常见的是沿街门面和地铁口派发，成本相对其他广告来说较低。

10.2 DM单页设计的要素及常用规格

对DM单页的常见类型和宣传优势进行介绍后，下面将对其设计要素和常用规格进行介绍，具体如下。

10.2.1 DM单页设计的要素

一个好的DM单页最重要的是必须有吸引人眼球的商品和活动来支持。在卖场中，一直将DM单页作为企业重要的促销方式，对DM单页的制作、派发到后期的绩效评估，都有专业的规范。制作DM单页过程简单来讲就是制造适当的主题，选出适当的商品，对其进行适当地包装，用适当的图文突显商品特性。下面将一一向大家介绍DM单页设计的几大要素。

- 明确DM单页发放目的，确定主题。
- 要主题突出，企业导语醒目，与促销时期相关的节日促销、换季促销、店庆促销等主题都要标明。另外，在设计手法上要追求新颖，选择一种可读的字体，突出显示趣味性。
- 版式上讲究整齐协调，排列有序，设计元素要符合主题氛围，例如圣诞节的活动，一般都会有雪人、驯鹿、圣诞老人等烘托节日气氛的素材；而中秋活动一般可见月饼、月亮、蕴含团圆的语句等等。
- DM单页宣传的活动地点、活动周期、活动授权以及活动内容等信息尽可能详细说明。

10.2.2　DM单页的常用规格

DM单页一般用的是157的铜版纸，也可根据实际情况进行调整。DM单页的尺寸规格要根据用途来分，一般常用的规格有下表所示的几种。

下表列出了印刷的标准宣传单和样本，有出血和无出血的尺寸。

尺寸	无出血	带出血
标准16K宣传单	206×285mm	212×291mm
标准8K宣传单	420×285mm	426×291mm
标准16K样本	420×285mm	426×291mm
16K三折页宣传单	206×283mm	212×289mm

进行DM单页设计时，要保证宣传单的尺寸、出血、最小分辨率和CMYK色彩模式，这样才能设计出符合标准印刷条件的作品。

10.3　披萨品牌周年庆典DM单页设计

本案例以一个披萨品牌周年庆典为主题，设计一个活动宣传单页，着重针对CorelDRAW X8的渐变填充工具和立体化工具的应用进行详细的介绍，具体操作过程如下。

步骤 01 首先在CorelDRAW软件中执行"文件>新建"命令，新建空白文档，如下左图所示。

步骤 02 选择工具箱中的矩形工具，在工作区中绘制一个矩形，尺寸为21×29.7cm，如下右图所示。

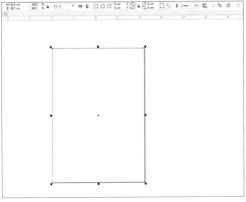

步骤 03 双击状态栏中颜色按钮，打开"编辑填充"对话框，如下左图所示。

步骤 04 单击"渐变填充"按钮，在"类型"区域中单击"线性渐变填充"按钮，设置颜色模式为CMYK模式，如下右图所示。

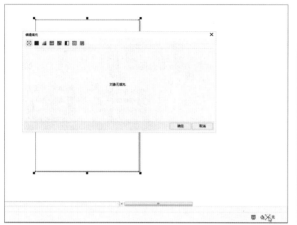
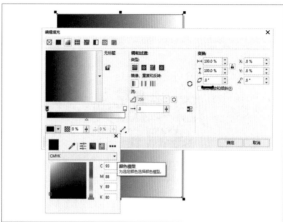

步骤 05 选中起始节点并调整其颜色，如下左图所示。

步骤 06 在色带中间双击增加节点，然后选择节点颜色，如下右图所示。

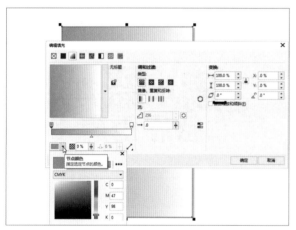
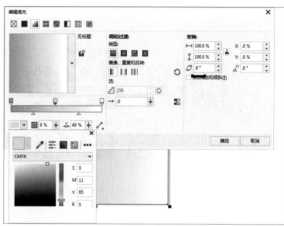

步骤 07 选中终点节点并调整颜色，如下左图所示。

步骤 08 单击色带下方三角形调整颜色间距，并调整旋转角度，如下右图所示。

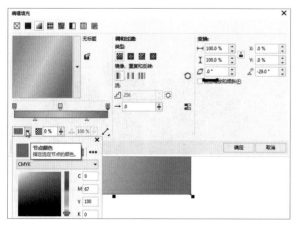
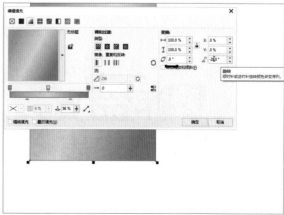

步骤 09 接下来创建主标题，输入"周年盛典 感恩钜惠"文字，并将其错落有致地排放，然后复制一份备用，如下左图所示。

步骤 10 选择工具箱中星形工具，在属性栏中设置边数为5，锐度为35，然后绘制星形，如下右图所示。

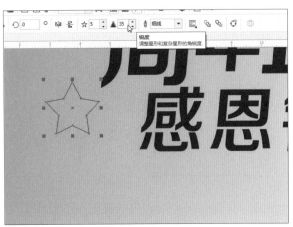

步骤 11 向外复制星形，选中两个星形并右击，执行"合并"命令，去掉边框线并填充黑色，如下左图所示。

步骤 12 复制星形并排列在字体周围，将标题整体复制以作备用，如下右图所示。

步骤 13 使用工具箱中的立体化工具在"周"字上方向右下角拖动，拉出立体效果，如下左图所示。

步骤 14 按同样方法分别将所有字体和星形都做出立体化效果，并将其选中，执行"组合对象"命令，如下右图所示。

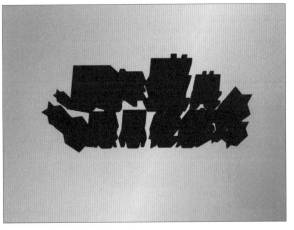

步骤 15 将备用字体及图形填充为黄色，然后放置于立体字体及图形的上方，效果如下左图所示。

步骤 16 使用工具箱中的贝塞尔工具沿着做好的标题大致勾出轮廓，如下右图所示。

步骤 17 设置填充颜色为默认的红色，右击默认调色板中黄色色块，将轮廓线设置为黄色，在属性栏中设置轮廓宽度，如下左图所示。

步骤 18 使用贝塞尔工具结合形状工具绘制扇形，然后按照Step 04至Step 08的方法制作出渐变效果，如下右图所示。

 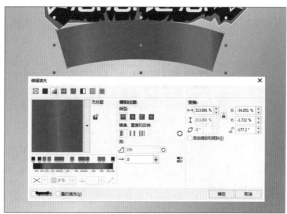

步骤 19 使用贝塞尔工具绘制出尖角形状，使用形状工具调整弧度，并设置渐变效果，将其放置于扇形图层的下方，如下左图所示。

步骤 20 选中新创建的形状，使用交互式填充工具填充均匀的暗红色，如下右图所示。

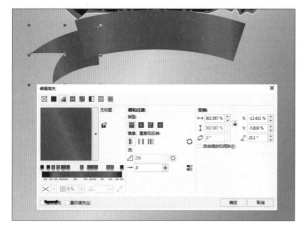 

步骤 21 继续使用贝塞尔工具沿着扇形及尖角形内侧绘制出细边框，使用形状工具调整弧度，如下左图所示。

步骤 22 复制左侧绘制的尖角形并镜像到扇形右侧，整体形成一个丝带的形状，如下右图所示。

步骤 23 复制扇形上侧弧形线段并移至合适位置，使用文本工具将光标放置在此线段上，沿着弧形线段输入文字，如下左图所示。

步骤 24 设置字体及字符大小，设置填充颜色为白色，使用形状工具选中文字下方弧形线段，继续使用选择工具，按Delete键删除线段，如下右图所示。

步骤 25 至此一个完整的标题就绘制完成了，效果如下左图所示。

步骤 26 导入素材礼品盒，如下右图所示。

步骤 27 将礼品盒素材放置在标题下方，营造出节日的欢乐氛围，然后输入文字信息，如下左图所示。

步骤 28 选择工具箱中的轮廓图工具，在其属性栏中设置外部轮廓的轮廓图步长为1，轮廓图偏移为0.08mm，轮廓图角为圆角，轮廓色和填充色为白色，如下右图所示。

步骤 29 同样方法为所有字体设置轮廓效果，然后根据整体效果适当调整轮廓图偏移大小，效果如下左图所示。

步骤 30 使用贝塞尔工具画出下右图的水滴形状，分别填充不同颜色来丰富画面，并将Logo放置在左上角，这样DM单页的正面就设计完成了。

步骤 31 使用矩形工具在工作区中绘制矩形，尺寸为21×29.7cm，在矩形上面继续绘制尺寸为21×11.5cm的矩形，框选两个矩形，在属性栏中单击"对齐与分布"按钮，如下左图所示。

步骤 32 此时可以看到在右侧出现了"对齐与分布"泊坞窗，单击"左对齐"和"顶端对齐"按钮，如下右图所示。

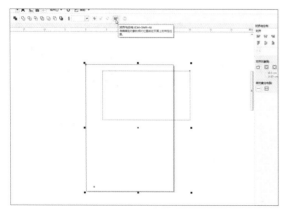
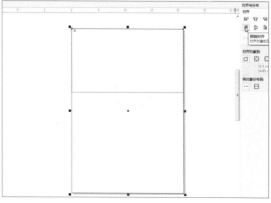

步骤 33 选择上方的小矩形并右击，执行"转换为曲线"命令，如下左图所示。

步骤 34 使用工具箱中的形状工具拖动出现的蓝色箭头，将其拉出弧形效果，如下右图所示。

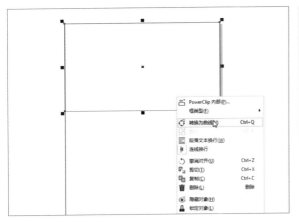 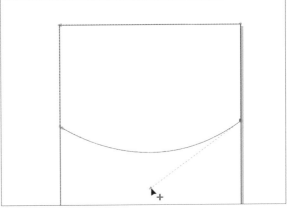

步骤 35 导入素材"披萨1.jpg"，将其放置于刚调整好的边框内，如下左图所示。

步骤 36 使用文本工具输入PIZZA文本，调整好文本的字体及字符大小并填充黑色，复制一层文字并叠加其上，填充为橘红色，如下右图所示。

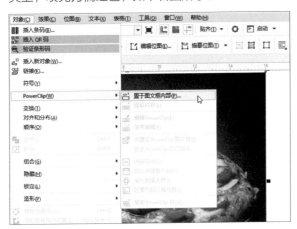 

步骤 37 使用矩形工具绘制矩形，使用交互式填充工具填充浅色背景，设置轮廓宽度为0.5mm、轮廓色为橘红色，如下左图所示。

步骤 38 依次导入素材"超级至尊披萨.psd"、"法式牛肉披萨.psd"、"果缤纷披萨.psd"，分别放置于三个矩形中并调整位置，如下右图所示。

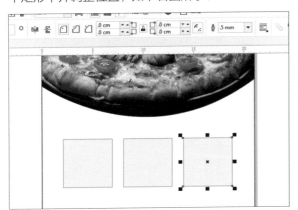 

步骤 39 使用椭圆形工具绘制正圆,填充颜色为黄色,复制两个圆分别放置于矩形的左下角,如下左图所示。

步骤 40 使用文本工具分别输入产品名称、售价、原价等文本信息,如下右图所示。

步骤 41 使用文本工具输入抽奖活动信息,设置文本字体及字符大小,填充为红色,如下左图所示。

步骤 42 使用多边形工具绘制多边形,填充红色,并复制两个多边形,分别放置不同位置,如下右图所示。

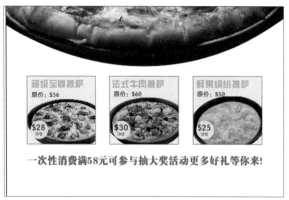
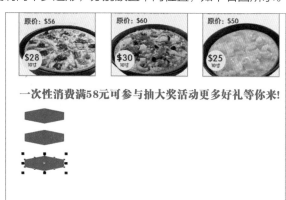

步骤 43 使用文本工具输入奖项信息,设置文本字体及字符大小,填充为黑色,如下左图所示。

步骤 44 使用多贝塞尔工具绘制矩形并转换为曲线,使用形状工具在矩形上端中间位置双击,此时会出现节点,将节点向上拉,效果如下右图所示。

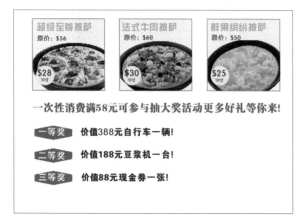
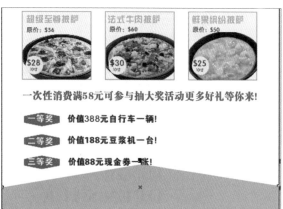

步骤 45 输入外送电话、地址、活动时间、活动解释权等文本信息，设置文本字体及字符大小，如下左图所示。

步骤 46 复制正面右下角的水滴元素放置于反面右下角，起到呼应以及丰富画面的作用，效果如下右图所示。

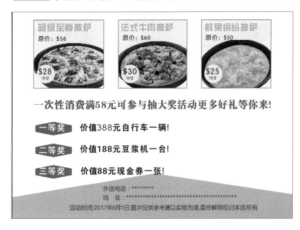 

步骤 47 用户可以根据需要将二维码图案放置于页面右边空白位置，如下图所示。

步骤 48 至此一个完整的DM单页就设计完成了，效果如下图所示。

Chapter 11 书籍装帧设计

本章概述

书籍是人类进行知识传播和文化交流的重要载体。书籍装帧设计是指从书籍文稿到成书出版的整个设计过程，也是完成从书籍形式的平面化到立体化的过程。本章主要介绍书籍装帧中个性、精美的封面版式的制作方法，让读者熟悉相关过程。

核心知识点

❶ 了解书籍装帧设计基本知识
❷ 熟悉简单的字体设计
❸ 掌握书籍封面设计流程
❹ 熟练运用多种工具

11.1 行业知识导航

书籍装帧设计是一种包含了艺术思维、构思创意和技术手法的系统设计，包括书籍的开本、装帧形式、封面、腰封、字体、版面、色彩、插图、纸张材料、印刷、装订及工艺等各个环节的艺术设计。在书籍装帧设计中，只有从事整体设计才能称之为装帧设计或整体设计，而只完成封面或版式等部分设计的，只能称作封面设计或版式设计。

11.1.1 书籍设计历史

在中国古代，书籍并没有装帧一词，而是装订。装订艺术遵循"装订书籍，不在华美饰观，而应护帙有道，款式古雅，厚薄得宜，精致端正，方为第一"的保护原则。而现代的书籍装帧中除了仍然遵循上述现实意义的保护原则外，还把阅读功能和审美要求辩证地统一起来，而绝不是单纯的装饰华丽。

- **简策形式：**是中国最早的书籍形式，始于周代、盛于秦汉，其中用竹做的书，古人称为简策，用木做的书，称为版牍。
- **卷轴形式：**出现于六朝，广布于隋唐，卷是用帛或纸做的，有四个主要部分：卷、轴、镖和带。
- **经折装和旋风装：**始于唐代后期，其中经折装是将长的卷子折成相连的许多长方形，旋风装是将经折装的书前后用木板相夹。
- **册页形式：**始于五代，沿至明清，中国四大发明中造纸术和印刷术是促进书籍发展的重要条件。
- **蝴蝶装：**一个版印就是一页，书页反折，使版心朝里，单口向外，并将折口一起粘在一张包背的硬纸上，有时用丝织品做为封面面料，翻动时像蝴蝶展翅，因而得名。
- **包背装和现代书籍：**包背装近似于现在的平装书，不用整纸裹书，而是前后分为封面和封底，不包括书脊，用刀将上下及书脊切齐，打孔穿线订成一册。现代书籍形态包含平装、精装和多媒体光盘等。

11.1.2 书籍设计要素

封面设计包含四大要素：文字、图形、色彩和构图。封面文字需简练，主要包括书名、作者名和出版社名等封面文字信息，在设计中起着举足轻重的作用；图形包括了摄影、插图和图案，有写实的、有抽象的、还有写意的；色彩是最容易打动读者的书籍设计语言，色调的设计要与书籍内容的基本情调相一致；构图的形式有垂直、水平、倾斜、曲线、交叉、向心、放射、三角、叠合、边线、散点、底纹等。

11.2 旅行类书籍封面设计

　　下面以旅行书籍封面设计为主题，介绍书籍装帧设计中封面设计操作过程。通过本案例的学习，让读者掌握CorelDRAW X8中文本工具、刻刀工具等工具的运用，具体操作过程如下。

步骤 01 执行"文件>新建"命令，对创建文档的参数进行设置后，单击"确定"按钮，如下左图所示。

步骤 02 为了便于操作，创建出封底、封面、书脊区域的辅助线，如下右图所示。

步骤 03 首先制作封面部分，执行"文件>导入"命令，在弹出的"导入"对话框中选择"风景.jpg"文件，如下左图所示。

步骤 04 将素材文件导入并选中，执行"对象>PowerClip>置入图文框内部"命令，如下右图所示。

 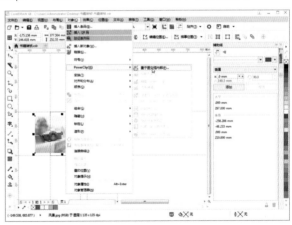

步骤 05 当光标变为向右黑色箭头时选中矩形，即可将素材转入矩形中。然后在矩形上单击鼠标右键，在快捷菜单中选择"编辑PowerClip"命令，使用鼠标拖曳右下角控制点，使用素材与矩形对齐，如右图所示。

步骤 06 在素材文件上单击鼠标右键，在快捷菜单中选择"结束编辑"命令，效果如下左图所示。

步骤 07 使用工具箱中的文本工具，在属性栏中设置文本的字体和大小，制作标点文字，如下右图所示。

步骤 08 选择创建的标点文字，使用工具箱中的形状工具，调整标点文字的方向，如下左图所示。

步骤 09 然后选择工具箱中的矩形工具，在页面中绘制一个矩形图形，如下右图所示。

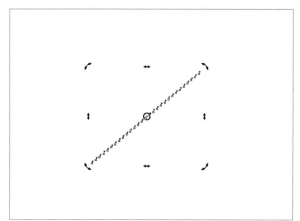
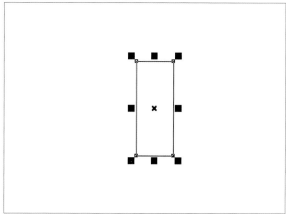

步骤 10 在工具箱中选择裁剪工具，然后裁切掉矩形图形的一个角，如下左图所示。

步骤 11 使用刻刀工具，裁切掉矩形图形其他的地方，效果如下右图所示。

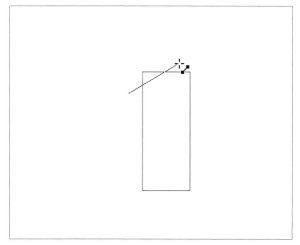
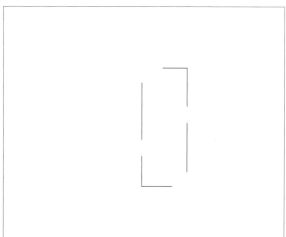

步骤12 选择矩形图形并执行群组操作，设置轮廓笔宽度为1mm，然后将该矩形形状放置在封面上对应的位置，如下左图所示。

步骤13 选择工具箱中的文本工具，在属性栏设置合适的字体和大小，然后在矩形中输入文字，如下右图所示。

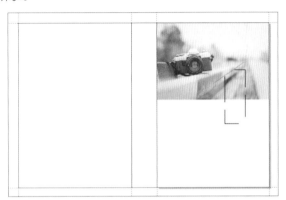 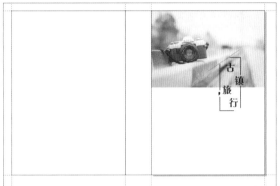

步骤14 选择工具箱中的文本工具，在属性栏设置合适的字体和字号大小，在页面中输入文字，单击属性栏上方"将文本方向改为垂直方向"按钮，如下左图所示。

步骤15 选中矩形图形和标点文字，执行复制操作，在属性栏单击"水平镜像"和"垂直镜像"按钮，效果如下右图所示。

 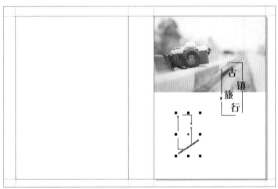

步骤16 选中矩形图形，取消群组，删掉上部分，并调整至合适的位置，设置轮廓笔为0.5mm，如下左图所示。

步骤17 选择工具箱中的文本工具，在属性栏中设置合适的字体和字号大小，并输入对应的文字，如下右图所示。

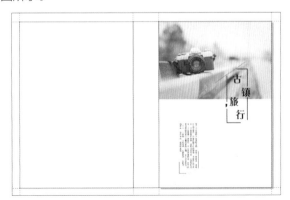 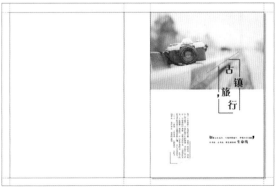

步骤 18 选择工具箱中的椭圆形工具，按住Ctrl的同时绘制一个正圆形，放在第一个文字上，如下左图所示。

步骤 19 选择工具箱中的矩形工具，在工作区中绘制一个矩形图形，填充颜色为冰蓝（C:40、M:0、Y:0、K:0），如下右图所示。

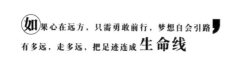 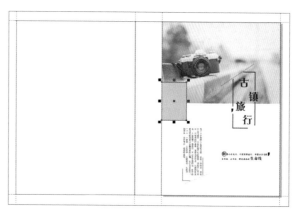

步骤 20 选择矩形图形，单击工具栏中的透明度工具按钮，在属性栏中设置图形的均匀透明度，设置形状轮廓为"无轮廓"，效果如下左图所示。

步骤 21 制作封底部分，使用工具箱中的矩形工具，在工作区中绘制一个矩形图形，填充颜色为灰色（C:0、M:0、Y:0、K:10），如下右图所示。

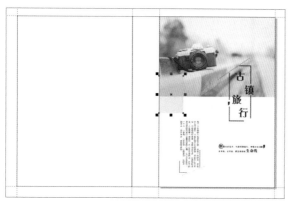 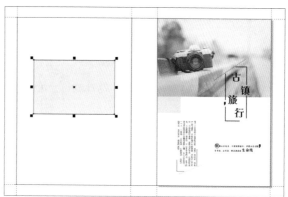

步骤 22 选择矩形图形，设置形状轮廓为"无轮廓"，效果如下左图所示。

步骤 23 执行"文件>导入"命令，在弹出的"导入"对话框中选择"风景2.jpg"素材，单击"导入"按钮，如下右图所示。

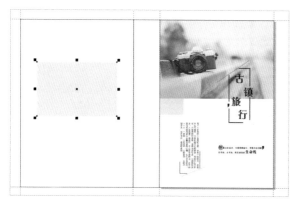 

步骤 24 选择插入的风景2素材，执行"位图>艺术笔触>水彩画"命令，设置参数，如下左图所示。

步骤 25 选中风景2素材和矩形图形，调整其大小后，执行"对象>对其与分布>水平居中对齐"命令，效果如下右图所示。

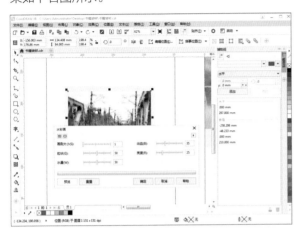 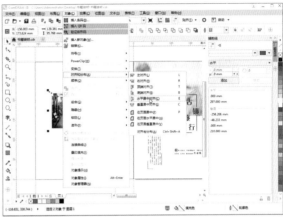

步骤 26 复制封面部分的文字，移动到封底，如下左图所示。

步骤 27 制作书脊部分，首先复制封面部分的文字，并纵向排列在书脊中，调整文字方向，如下右图所示。

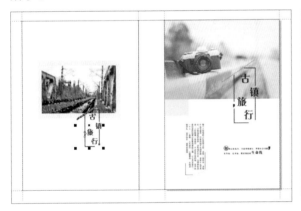 

步骤 28 选择工具箱中的文本工具，在属性栏中设置合适的文本字体和字号大小，并输入文字，如下左图所示。

步骤 29 选择所有的文字并单击鼠标右键，执行"转换为曲线"命令，以便于文字的保存，如下右图所示。

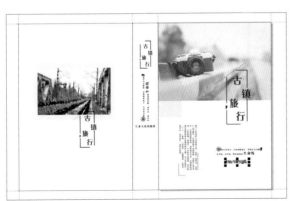 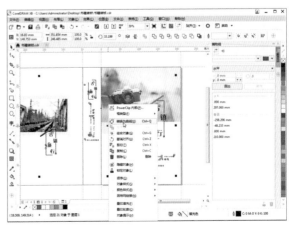

步骤 30 选择所有的文字和图片，按Ctrl+G组合键进行群组操作，至此书籍封面设计全部完成，平面设计效果如下左图所示。

步骤 31 打开PhotoShop软件，执行"文件>打开"命令，在弹出的"打开"对话框中选择"书籍.png"文件，如下右图所示。

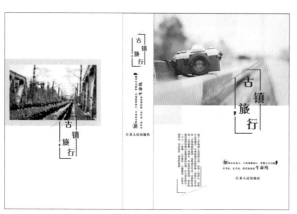

步骤 32 执行"图像>画布大小"命令，在弹出的"画布大小"对话框中，设置画布大小的参数，如下左图所示。

步骤 33 单击"图层"面板右下角的"新建图层"按钮，新建图层1，按住鼠标左键上下拖动来调整图层顺序，如下右图所示。

步骤 34 选择渐变工具，在属性栏单击渐变编辑按钮，在弹出的对话框中进行相应的参数设置，如下左图所示。

步骤 35 在工作区按住鼠标左键拖曳，绘制一个渐变的背景，如下右图所示。

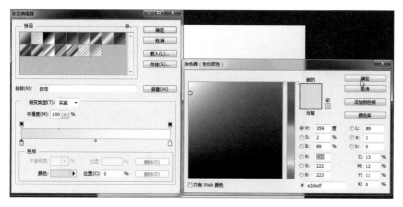
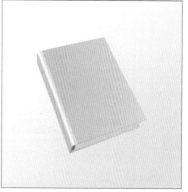

步骤36 执行"文件>打开"命令，在弹出的"打开"对话框中选择"封面.jpeg"文件，如下左图所示。

步骤37 选中封面图层，执行"编辑>变换>斜切"命令，调整封面图片的大小，如下右图所示。

步骤38 执行"文件>打开"命令，在弹出的"打开"对话框中选择"书脊.jpeg"文件，如下左图所示。

步骤39 选中封面的图层，执行"编辑>变换>斜切"命令，调整封面图片的大小，如下右图所示。

步骤40 单击图层面板右下角"添加图层样式"按钮，在打开的"图层样式"对话框中，勾选"投影"复选框，在右侧的面板中进行相应的参数设置，如下左图所示。

步骤41 至此书籍封面设计全部完成，立体设计如下右图所示。